내 아이
독서 천재
만드는
비법

내 아이 독서 천재 만드는 비법

초 판 1쇄 2018년 07월 09일

지은이 성실애
펴낸이 류종렬

펴낸곳 미다스북스
총 괄 명상완
책임편집 이다경

등록 2001년 3월 21일 제2001-000040호
주소 서울시 마포구 양화로 133 서교타워 711호
전화 02) 322-7802~3
팩스 02) 6007-1845
블로그 http://blog.naver.com/midasbooks
전자주소 midasbooks@hanmail.net

© 성실애, 미다스북스 2018, *Printed in Korea*.

ISBN 978-89-6637-580-6 13590

값 15,000원

「이 도서의 국립중앙도서관 출판예정도서목록(CIP)은 서지정보유통지원시스템 홈페이지(http://seoji.nl.go.kr)와 국가자료공동목록시스템(http://www.nl.go.kr/kolisnet)에서 이용하실 수 있습니다.(CIP제어번호: CIP2018020567)」

※ 파본은 본사나 구입하신 서점에서 교환해드립니다.
※ 이 책에 실린 모든 콘텐츠는 미다스북스가 저작권자와의 계약에 따라 발행한 것이므로 인용하시거나 참고하실 경우 반드시 본사의 허락을 받으셔야 합니다.

미다스북스는 다음세대에게 필요한 지혜와 교양을 생각합니다.

내 아이 독서 천재 만드는 비법

성실애 지음

미다스북스

당신의 아이도 독서 천재로 만들 수 있다

내 아이와 함께하는 소중한 시간을 뭘로 채울까?

"여자라는 성性이, 엄마라는 역할이, 일에 걸림돌이 되지 않게 하겠다!"

10년 전, 지금 다니는 직장에 입사하면서 내가 세운 목표는 '일 잘하는 여자가 아닌 일 잘하는 사람으로 인정받겠다.'였다. 내 이름 성실애를 걸고 누구보다 치열하게 살았다. 이름값 못한다는 소리를 듣지 않기 위해 고군분투했다. 힘쓰는 일이 많아 남자들도 버거워한다는 공대 토목과를 졸업하고 IT 회사에 입사했다. 곧 결혼을 하고 아이도 낳았다.

　그러나 내가 사회에서, 직장에서 내 목소리를 당당하게 내고 있을 때 우리 아이는 그만큼 내게서 소외되고 있었다. 나는 책임감과 완벽함으로 똘똘 뭉친 사람이었다. 모든 것을 잘해야만 직성이 풀렸다. 아이를 지방 시댁에 맡겨놓고도 아이 이유식은 내 손으로 만들어 먹였다. 아이와는 주말에만 만날 수 있었는데 나는 아이를 또 친정 부모님께 맡겼다. 아이가 놀아달라고 해도 외면한 채 일주일 치 이유식을 만들었다. 나는 그렇게 소중한 아이와의 시간을 흘려보냈다.

　그런 시간이 쌓이고 쌓였다. 아이가 조금씩 이상 행동을 보이기 시작했다. 아이는 나와 함께 자다가도 집에 가겠다고 울어댔다. 화가 난다고 손으로 자기 얼굴을 할퀴었다. 자기도 모르게 턱이 떡떡 벌어지는 틱이 왔다. 틈틈이 육아서를 열심히 읽었는데도 도무지 우리 아이가 왜 그러는 것인지 알 수 없었다. 그러던 중 내게 위안이 되는 말이자 해결책이 되는 한마디를 발견했다.

"아이와 함께하는 시간은 양보다 질이다."

　뭐든지 내 손으로 해내야만 직성이 풀리는 숙명을 가진 내게 이 한마디는 다음과 같은 의미로 다가왔다.

'긴 시간을 아이와 함께하면서 짜증내고 화내는 것보다는 아이와 함께 짧은 시간을 보내더라도 소중하게 생각하고 사랑을 듬뿍 주자.'

책과 함께하는 시간이 아이를 독서 천재로 만든다

원래 나는 아이와 함께 시간을 보내는 데에 참 서툰 사람이었다. 사랑을 나누는 것도, 표현하는 것도 서툴렀다. 그래서 찾은 방법이 책 읽기였다. 책은 내가 제일 자신 있는 분야였기 때문이다. 그것을 아이와 함께 나누자고 생각했다. 첫째 아이와 함께 서점을 들락거리고 함께 책을 보기 시작했다. 둘째 아이가 태어난 뒤에는 잠자리에서 양쪽에 두 아이를 눕히고 책을 읽어줬다. 책을 읽으며 아이와 소통하기 시작했다.

내 뱃속으로 낳은 아이라도 내 아이를 진심으로 이해한다는 것은 무척 어려운 일이다. 같이 있는 시간도 길지 않으니 아이를 파악하기는 더욱 쉽지 않았다. 하지만 아이와 함께 책을 읽으며 천천히 아이를 알아갔다.

'우리 아이가 아직은 전래 동화의 호랑이를 아주 무서워하는구나!'
'오늘 우리 아이는 유치원에서 엄마가 많이 보고 싶었구나!'
'오늘은 이런 이유 때문에 친구랑 싸운 거구나!'

책을 사이에 두고 이야기를 이어갔다. 책의 주인공이 되어보기도 하고, 책의 주인공을 심판대에 올려보기도 하고, 서로 역할을 나눠서 말을 주고받기도 하며 아이의 감정을 읽어 나갔다. 책을 보는 시간에는 아이에게 충실했다. 그만큼 아이도 엄마가 읽어주는 책을 좋아했다. 그렇게 우리 큰아이는 점점 안정되어 갔다. 작은아이는 스스로 한글을 깨우치고 책을 읽기 시작했다.

여전히 나는 아침 7시 30분에 출근하고 일주일에 두어 번은 저녁 9시가 넘어 퇴근한다. 저녁 8시에만 퇴근해도 우리 아이들은 엄마가 일찍 왔다며 좋아한다. 이제 읽기 독립이 완전히 끝난 초등학교 2학년과 혼자 읽기가 가능한 6살이지만, 잠자리 책 만큼은 무조건 어른이 읽어 준다. 엄마인 내가 못 읽어주는 날에는 아빠, 할머니, 할아버지가 돌아가며 역할을 맡는다. 모두가 정말 피곤한 날엔 오디오북을 활용하기도 한다.

당신의 아이도 얼마든지 독서 천재가 될 수 있다!

아이들은 책 읽기보다 밖에 나가 놀기, 블록 놀이, TV 보기, 게임 하기를 좋아한다. 우리 아이들도 마찬가지다. 조금 다른 점이 있다면 모든 활동을 다 하고도 남는 시간에는 심심해 하지 않고 책을 읽는다는 것이다. 시간을 내어 규칙적으로 책을 읽는 것이 아니라 남는 시간에 스스로 책을 찾아 읽는다.

읽을 수 있는 책이 있고, 책이 내가 좋아하는 놀잇감이고, 책을 읽는 것이 일상인 부모가 있다면 자신의 아이를 독서 천재로 만들 수 있다. 이런 것들이 어렵고 힘든 일로 느껴지리라는 것을 누구보다 잘 안다. 아이를 남의 손에 맡기고 일을 나가며 '어떻게 이 아이를 키워야 할까?' 생각했던 그 막막함과 비슷할 것이다.

나는 그 막막함을 하나하나 풀어가기 위해 육아 책을 찾아 읽었다. 이 책을 읽기 시작하는 분들에게 『내 아이 독서 천재로 만드는 비법』이 그 막막함을 풀어줄 하나의 열쇠가 되리라 생각한다. 그렇게 많은 시간이 아니더라도, 그렇게 많은 노력이 아니더라도 정성만 있다면 충분하다. 내 아이와 소통하는 방법으로 책 읽기만 한 것이 없다. 내가 절실하게 체험한 것이기에 누구보다 확신한다.

"우리 아이를 독서 천재로 만들어보자."

이 책은 순전히 우리 아이가 나와 어떻게 일상을 소통할 수 있을까를 고민해온 발자취다. 개인적 이야기라고 할 만한 고민의 흔적도 고스란히 묻어 있다. 그 또한 누구나 가질 수 있는 고민으로 생각하고 스스럼없이 적었다.

엄마의 무지 때문에 어긋났던 우리 아이가 책을 읽으며 자기 삶의 방식을 만들어 가고 있다. 이 모든 것은 엄마의 작은 노력에서 시작되었다. 우리 아이를 얼마만큼 이해하는가, 짧은 시간이라도 어떻게 소통하는가에 달려 있다.

직장인이라는 역할을 추가로 가지고 있는 엄마들뿐만 아니라 살림과 싸우며 우리 미래를 책임지고 있는 엄마들도 모두 이 책을 통해 내 아이를 독서 천재로 만들 수 있다는 자신감을 얻길 바란다. 그리고 아빠 또한 내 아이 독서 천재 만들기의 방관자가 되지 않길 바란다. 내 아이를 독서 천재로 만드는 일은 행복한 육아이면서 자신이 사랑하는 자녀를 이 사회의 건강하고 우량한 구성원으로 만드는 가장 확실한 초석이 된다.

대한민국의 모든 엄마, 아빠가 아이와 책으로 소통하는 그날을 꿈꾸며…….

2018년 6월, 성실애

CONTENTS

# 4장

창의적인 아이로 키우는 7가지 독서 코칭법

# 5장

내 아이를 빛나게 하는 독서의 힘!

1장

01 처음부터 책을 싫어하는 아이는 없다
02 아이가 책을 싫어하는 진짜 이유
03 강요하면 아이는 책과 멀어진다
04 조기 교육은 독서가 답이다
05 무작정 따라 하기 독서는 위험하다
06 평생 독서를 원한다면 책을 읽어주라
07 독서는 교육이 아니라 놀이다!

1. 책을 싫어하는 아이, 무조건 부모 탓이다.
2. 강요하면서 억지로 읽히지 마라.
3. 독서는 교육이 아니라 놀이라고 생각하라.

01 처음부터 책을 싫어하는 아이는 없다

"독서하고 싶은 마음이 있으면 어디에서나 독서할 수 있다.
독서의 즐거움을 안다면 학교가 되었건 학교 밖이 되었건
어디서나 언제든 독서하게 된다.
세상에 학교가 없어도 독서할 줄 안다."
– 임어당

책과 친한 아이, 책과 어색한 아이

행복의 파랑새를 찾아 떠나는 오누이의 이야기는 누구나 다 알고 있을 것이다. 중간의 자세한 이야기까진 잘 모르더라도 주제는 다 안다. 결국 행복의 파랑새는 먼 곳이 아니라 우리 가까이 있다. 다만 우리가 제대로 느끼지 못할 뿐이다. 행복한 사람이 있는 것이 아니라 행복을 느끼는 사람이 있는 것이다. 세상에는 행복한 사람과 불행한 사람으로 나뉘는 것이 아니라 행복을 느끼는 사람과 느끼지 못 하는 사람이 있다.

갑자기 행복의 파랑새라니? 의아할 수도 있겠다. 내가 행복의 파랑새 이야기를 꺼낸 것은 책의 즐거움을 발견하는 일도 행복을 느끼는 일과 같기 때문이다. 이와 비슷한 이야기가 박성철 작가의 『초등 책 읽기의 힘』에 나온다.

"세상은 책을 좋아하는 아이, 책을 싫어하는 아이로 나뉘지 않는다. 책을 많이 접해서 책과 친한 친구, 책을 많이 접해보지 않아서 어색한 친구로 나뉠 뿐이다."

처음부터 책을 싫어하는 아이는 없다. 물론 처음부터 좋아하는 아이 또한 없다. 단지 책을 많이 접하고 탐구한 경험을 통해 책을 좋아하게 되는 것뿐이다. 그럼 책에 대한 나쁜 감정은 어디서 생기는 것이고, 왜 책을 싫어한다고 생각하게 되는 걸까?

아이가 책에 대해 가지는 느낌은 부모 탓이다

결론부터 말하자면 아이에게 책에 대한 부정적인 생각을 심어주는 것은 아이와 가장 가까이 있는 사람이다. 왜일까? 아이가 뱃속에 있을 때부터 엄마, 아빠는 아이에게 태교로 책을 읽어 준다. 엄마, 아빠의 목소리로 들려주는 이야기를 듣고 자란 태아는 건강한 아이로 태어난다고 한다. 여기까지는 문제없다. 문제는 아이가 태어나면서부터 시작된다.

아이가 태어나면 초보 엄마, 아빠는 할 일이 많다. 우는 아이 달래기, 젖 먹이기, 잠 재우기 등 눈코 뜰 새가 없다. 아이가 잠든 사이에는 밀린 집안일도 해야 한다. 그러다가 문득 생각난다.

'아이에게 책을 읽어줘야 된다고 했는데…….'
필요한 책을 구입하기 시작한다. 우리 아이에게 좋은 것만 주고 싶은 마음은 책을 살 때도 마찬가지다. 고가의 책을 장만한다. 그리곤 들여놓은 책을 보며 한숨 쉰다.

'저 책을 읽어줘야 하는데…….'
다른 일에 밀려 책을 읽어주지 못한다. 죄책감과 부담감만 쌓인다. 바로 곁에 있는 부모의 이런 마음을 아이가 모를까? 아이와 한시도 떨어져 있지 않은 엄마의 마음은 아이에게 고스란히 전해진다. 책에 대한 느낌도 마찬가지다. 이 전해진 마음이 아이가 책을 대하는 첫 번째 느낌이다.
조금 더 아이가 크면 아이에게 책을 읽어줄 여유가 생긴다. 아이를 무릎에 앉혀 놓고 책을 읽어 준다. 재우기 위해 누워서도 책을 읽어 준다. 아이는 엄마가 읽어주는 책을 좋아한다. 하지만 아무 때나 책을 읽어달라고 조를 수는 없다. 엄마는 수시로 집안일을 하느라 바쁘다. TV를 보거나 전화 통화할 때는 책을 읽어줄 수 없다. 책은 엄마 마음에 여유가 생겼을 때나 읽어주는 것이다. 아이가 책을 대하는 두 번째 느낌이다.

아이가 조금 더 크면 책은 미션이 된다. 하루에 1권은 꼭 읽어야 한다. 책보다 노는 것이 더 좋아도 억지로 불러다가 책을 읽힌다. 한글을 읽을 줄 알면 스스로 읽도록 강요한다. 그런데 정작 부모는 책을 읽지 않는다. 책을 읽는 아이를 감시할 뿐이다. 아이는 생각한다.

'아하! 어른이 되면 책을 읽지 않아도 되는 거구나. 빨리 어른이 되고 싶다!'

책과 함께한 경험이 감정을 만든다

너무 극단적인가? 책에 대한 부정적인 생각만 적은 것 같은가? 하지만 아이를 키우면서 지낸 날들을 돌이켜 보라. 꼭 극단적으로만 보이지는 않을 것이다. 한 번쯤은 위와 같은 상황을 겪어 봤을 것이다. 어쩌면 여러 번 반복되었을 수도 있다. 그러는 동안 아이는 자기도 모르게 그런 느낌을 쌓아왔을 것이다. 처음부터 책을 좋아하는 아이도, 싫어하는 아이도 없다. 책과 함께한 경험이 쌓여 책을 싫어하는 것처럼 느끼는 것이다.

감정이라는 것은 부정과 긍정, 둘로 나뉜다. 부정과 긍정의 합이 100이라고 해보자. 긍정이 부정보다 1이라도 크면 감정을 판단할 때 결과는 긍정에 가까워진다. 하지만 부정이 조금이라도 더 크면 판단은 부정에 가까워진다. 좋은 경험이 많이 쌓이면 책과 친해질 수 있다. 반대로 나쁜 경험이 쌓이면 책과 멀어질 수밖에 없다.

책을 많이 접하고 좋은 경험을 쌓으면 책을 읽는 것이 결코 싫게 느껴질 수 없다. 부모부터 책을 부담스러워하지 말고 다가가야 한다. 책을 항상 곁에 두고 가까이해야 한다. 우리 가정의 독서 환경을 돌아보라. 전혀 책을 읽을 환경이 아닌데도 책을 읽지 않는 아이 탓만 하지는 않았는가? 그랬다면 지금부터라도 부모가 책을 대하는 태도를 돌아보라. 일단 책을 좋아하는 환경을 만들어라.

가족 모두가 함께하면 책 읽기도 즐겁다

아이들은 부모와 함께하는 것을 가장 좋아한다. 큰아이가 6살 때에 틱 증상을 보여 아이를 데리고 아동 심리 상담소를 찾은 적이 있다. 상담소 선생님은 아이에게 이것저것을 물어보셨다. 그리고는 우리 부부에게 말씀해주셨다.

"성재가 가장 행복했던 때는 〈블루마블〉을 할 때였대요."

〈블루마블〉은 6살이 하기에는 힘든 보드게임이다. 어떤 이유였는지 생각은 나지 않지만 〈블루마블〉을 사서 온가족이 둘러 앉아 게임을 했다. 다른 게임과는 달리 〈블루마블〉은 2명 이상이 해야 한다. 더구나 6살 아이는 셈을 하지 못하기 때문에 〈블루마블〉을 할 때는 엄마, 아빠가 함께 해야만 한다.

드라마 〈응답하라 1988〉에 나오듯이 〈블루마블〉은 어릴 적에 많이 했던 추억의 게임이기 때문에 우리 부부도 재미있게 했다.

그렇게 몇 번 즐긴 〈블루마블〉이 우리 아이가 가장 행복했던 순간이었다니……. 여행 갔을 때나 놀이동산 갔을 때가 제일 행복했겠지라는 내 예상을 빗나가 적잖이 당황했으나, 집에 와서 곰곰이 생각해보니 이해가 됐다. 〈블루마블〉은 우리 가족 모두가 모여 다 같이 즐기며 한 게임이었다. 가족이 함께할 때, 가족이 모두 즐거운 일을 할 때, 아이는 가장 큰 행복과 즐거움을 느꼈다.

책을 읽는 것도 이와 같다. 책도 가족이 함께 모여서 읽으면 시너지가 생긴다. 어릴 때는 부모가 1명씩 붙어서 책을 읽어 준다. 하지만 아이가 자라서 책 읽기 독립이 이루어지면 아이 혼자 읽어야 하는 시간이 많아진다. 그러면서 자연히 책에 흥미가 떨어진다.

읽기 독립이 이루어졌다면 한 공간에서 아이와 함께 책을 읽자. 책을 함께 읽지 않는다는 것은 '엄마, 아빠는 책을 읽지 않겠다.'는 의지를 보여주는 것이나 다름없다. 단 10분이라도 아이와 함께 책 읽는 시간을 가져라. 그것만으로도 아이가 가진 책 읽기에 대한 부담이 사라진다. 다 읽은 뒤에 책에 대한 이야기를 나누는 것 또한 책을 좋아하게 만드는 좋은 습관을 길러 준다.

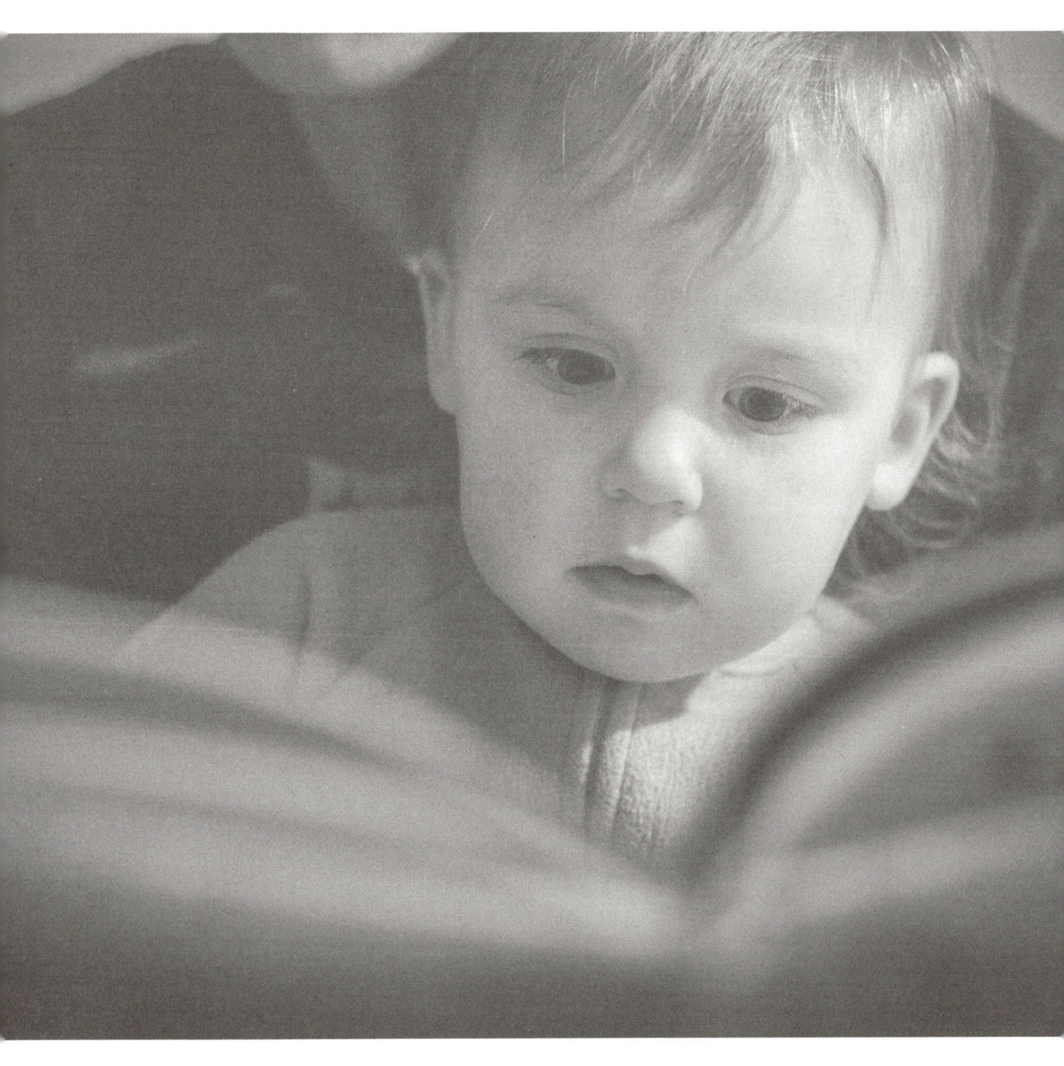

단 10분이라도 아이와 함께 책 읽는 시간을 가져라.
그것만으로도 아이가 가진 책 읽기에 대한 부담이 사라진다.

어느 분야든 세계 정상의 위치마다 유대인이 자리 잡고 있는 이유를 2가지로 든다. 베갯머리 독서와 밥상머리 토론의 힘이라고 한다. 탈무드를 읽고 그에 대한 자신의 생각을 부모와 함께 토론하면서 가족과의 유대감을 느끼고, 생각의 크기를 키워간다. 자신의 의견을 피력하고 발전시켜 나갈 수 있는 사람이 된다. 이런 경험들이 모여 좋은 책 읽기 습관이 생긴다.

책과 친해지게, 책과 어색한 사이가 되지 않게, 책에 대한 좋은 느낌을 가질 수 있게 아이와 함께 책을 읽어보자. 다시 한 번 강조하지만 책을 싫어하는 아이는 없다. 어른인 부모도 마찬가지다. 책에 좋지 않은 감정이 있을 뿐이다. 책을 많이 접하고 책과 좋은 경험을 쌓아가라. 그러면 더 이상 내 아이가 책을 싫어한다고 걱정하는 일은 없을 것이다.

★ 아이를 위한 책

『아낌없이 주는 나무』

많이 알려진 책이다. 컬러 없이 단순하게 그려진 나무 기둥과 한 소년이 나온다. 소년을 향한 나무의 무조건적인 사랑을 읽으며 사랑이란 무엇인가를 느끼게 해주는 책이다.

★ 부모님을 위한 책

『책 읽는 아이, 토론하는 우리집』

초등학교 교사가 아이들과 책을 읽고 토론하는 방식을 소개하고 있다. 제목에서처럼 집이라는 제한된 공간에서 토론하는 방식이 상세히 소개되어 있지는 않지만, 책에서 설명하는 방식의 일부를 집에서 활용해보기에 좋다.

02 아이가 책을 싫어하는 진짜 이유

"즐거움을 맛보거나 자극을 얻기 위해서 독서를 하는가,
혹은 인식과 교훈을 얻기 위해서 독서를 하는가 하는
문제는 커다란 차이가 있다."
−괴테

빠른 길을 찾다 보면 재미를 잃는다

어떻게든 책을 읽히고는 싶다. 부모는 아이가 책을 읽게 하려고 온갖 방법을 쓴다. 좋은 책, 인기 있는 책을 사다 안겨준다. 학원도 보내보고 다그쳐도 본다. 하지만 그럴 수록 책을 더 싫어하는 것 같다. 쉽고 빠른 길을 찾다보면 첫 의도와는 다르게 괜히 고생만 하게 되는 경우가 많다.

부모에게 아이와 함께한 가장 소중했던 시간을 떠올려 보라고 하면 아마도 "아이를 처음 만난 순간."으로 대답할 것이다. 오랜 산고 끝에 만난 아이의 울음소리를 듣고, 발가락 10개, 손가락 10개를 세어 보고, 세상을 처음 만난 아가의 눈을 바라보았을 때의 느낌이란……. 그렇게 뭉클하게 만났지만, 산부인과나 조리원을 나옴과 동시에 현실에 부딪히게 된다.

엄마의 고난은 배고파 우는 아이에게 젖을 물리면서부터 시작된다. 배고파서 운다는 것은 알겠는데 아이가 잘 먹을 수 있도록 젖을 물리는 일은 익숙하지 않다. 분명 병원에서나 조리원에서 도움을 받았을 때는 아이가 순조롭게 잘 먹었는데, 혼자서는 정말 어렵다.

결국 나는 몇 번의 시도 끝에 아이가 젖을 물기 싫어한다고 판단했다. 그래도 모유를 먹여야 한다는 일념으로 매번 유축을 하고 모유를 젖병에 담아 아이에게 먹였다. 그렇게 한 달 동안 유축을 해서 아이에게 젖병으로 먹이는 시간이 점점 늘어났다. 쉴 수 있는 시간은 줄었다. 점점 피곤이 쌓였다. 아이를 보는 것조차 힘들었다.

그러던 중 아이가 요도 감염증에 걸렸다. 40일 된 아이가 입원할 때 같이 가서 병원에 일주일을 넘게 있었다. 아기를 혼자 두고 젖병을 씻으러 가는 것도, 사람 많은 병원에서 유축을 하는 것도 힘들었다. 그래서 다시 젖을 물리기 시작했다.

한 달여를 젖병에 먹여 왔으니 아이는 당연히 젖 물기를 거부했다. 하지만 일단 배가 고프고, 엄마가 줄 수 있는 게 그것밖에 없다는 것을 알았는지 금세 익숙해졌다. 그렇게 모유 수유가 시작되었다. 그때 알게 되었다. 아이는 엄마의 젖을 물기가 싫었던 게 아니다. 익숙해지는 과정에서 내가 힘들고 지쳤던 것이다. 조금 더 빠르고 쉬운 방법을 찾고 싶었던 것이다.

아이에게 직접 모유 수유를 하면서 알게 된 것이 하나 더 있다. 유축을 하고 젖병에 모유를 담아 먹이는 것보다 직접 수유가 훨씬 쉽다는 것이다. 아이와 함께 외출을 하더라도 젖병이나 모유를 담을 보냉팩이 필요 없다. 3시간에 한 번씩 유축을 해야 하기 때문에 할 수 없었던 외출도 편히 할 수 있었다. 아이와 함께 있으면 가까운 이웃에도 놀러갈 수 있었다. 3시간에 한 번씩 아이가 배가 고플 때마다 젖을 물리면 그만이었다. 이렇게 편한 걸! 조금 더 편하려고 머리를 쓴다는 것이 더 고생을 했던 것이다.

아이에게 책을 읽히는 과정도 똑같다. 아이가 진짜 책을 싫어하는 것일까? 나의 성급한 욕망으로 아이가 스스로 느낄 수 있는 책 읽기의 재미를 뺏어버린 것은 아닐까?

아이에게 책을 읽히고 싶은 마음에 엄마들은 빠른 길을 택한다. 바로 인터넷 검색이다. 손에 든 휴대폰을 켜고 인터넷 검색 사이트에 '아이가 독서를 잘하는 법', '책을 좋아하는 아이로 만드는 법' 등을 검색한다. 여기서부터 내 아이가 책을 싫어하게 되는 이유가 시작된다.

검색을 통해 알게 된 독서법을 무작정 따라 하기 시작한다. 책을 소개하는 글에는 아이의 창의력이 쑥쑥 자라는 비법이 들어있다고 선전한다. 무작정 책부터 주문한다. 글 속의 아이는 책을 바른 자세로 앉아 아주 잘 읽는다. 우리 아이도 가능할 것처럼 보인다. 엄마는 책에 들인 돈에 대한 보답과 검색한 글 속의 바른 책 읽기를 모범 답안 삼아 아이에게 책 읽히기를 시도한다.

이렇게 시도한 책 읽기가, 책을 좋아하는 아이로 발전하는 데에 얼마나 영향을 미칠까?

무작정 따라하는 책 읽기는 우리 아이에게 아무런 도움을 주지 못한다. 우리 아이는 옆집 아이가 아니다. 내 아이의 상황과 관심사를 파악하고 성향을 알아야만 제대로 된 책 읽기를 시작할 수 있다. 아무리 좋은 책과 사례가 있어도 우리 아이에게 맞지 않으면 소용이 없다.

검색과 귀동냥으로 사들인 책을 책꽂이에만 꽂아두는 것은 아깝다. 본전이 생각나는 것은 당연하다. 아이에게 엄마, 아빠가 힘들게 벌어서 사준 책인데 안 읽는다고 잔소리를 해댄다. 엄마만의 계획표를 짜고, 그 계획에 맞게 하루에 1권에서 많게는 3~4권 읽기를 강요한다. 이러한 엄마들의 심리를 꿰뚫어 "유아 때부터 하루 1권 책을 읽으면 초등학교 졸업 전에 3,000권의 책을 읽을 수 있다."는 광고가 한창 유행했다.

부모의 독서 강요와 계획으로 시작된 책 읽기가 즐거울까? 그러는 엄마는 책 1권 읽는 것을 본 적이 없는데!

책을 혼자 읽으면 관심이 시들해진다

아이가 글을 읽을 수 없을 때는 정성 들여 책을 읽어 준다. 읽어 준 책을 또 읽어 달라고 쪼르르 가져와도 그렇게 기쁠 수가 없다. 하지만 아이가 한글을 읽기 시작하면서부터 엄마의 책 읽어주기는 시들해진다.

아이들의 한글 습득 나이가 점점 빨라진다. 예전에는 초등학교에 들어가면서 자음, 모음을 순서로 한 글자 한 글자 배웠지만, 지금은 한글을 모르고 학교에 입학하는 아이가 거의 없다. 유치원만 가도 부모들은 한글을 언제 가르쳐 주는지 묻는다. 한글 공부는 유치원에서부터 시작된다. 더 조급한 부모는 아이의 말문이 터짐과 함께 한글 공부를 시작한다.

점점 아이는 혼자 책을 읽게 된다. 한글을 배웠을 뿐 혼자 읽는 연습은 하지 않았는데, 글을 읽을 수 있다는 이유만으로 듣던 책이 읽는 책으로 바뀐다. 점점 재미가 없어진다. 책 읽기가 재미없어지는데 집에 쌓여 있는 수많은 책이 무슨 소용일까?

글자 읽기가 가능해지면 부모들의 관심은 한글 공부에서 수학, 예체능, 영어 등으로 옮겨간다. 책을 고르는 기준도 물론 달라진다. 전집이나 동화책을 사들이던 엄마는 연산을 빠르게 해줄 수 있는 수학 문제집이나 학습지를 찾게 된다. 고학년이 되기 전, 시간이 있을 때에 예체능은 미리미리 해두어야 하는 필수 과정이 된다. 정규 교육 과정에는 영어가 초등학교 3학년부터 들어가 있지만, 다른 아이들은 더 일찍부터 영어를 하고 있기 때문에 뒤처지면 안 된다는 생각이 든다.

교과 연계를 강조하는 책 위주로 구입하게 된다. 과학책이나 역사도 읽혀야 한다. 큰 꿈을 꾸라고 위인전도 들이게 된다. 그냥 책에 재미를 주고 책 읽는 습관을 들이고 싶었던 부모의 욕심은 책에서 얻을 수 있는 교육의 성과로 방향을 틀게 된다.

책 읽을 시간이 없는 아이들

5학년 자녀를 둔 엄마는 2학년 된 우리 큰아이가 책 잘 읽는 것을 부러워했다.

“지금 저학년일 때 많이 읽혀. 5학년 되니깐 모든 문제가 글 읽기부터 시작되더라고. 수학이고 과학이고 간에 애가 글을 읽고 해석을 못하니깐 문제를 못 풀더라.”

의아했다. 그 분의 아이는 여전히 책을 읽지 않는다. 이유는 책 읽을 시간이 없기 때문이라고 한다. 책 읽기가 중요하다고 말하면서 겨우 5학년 된 딸아이에게는 책 읽을 시간을 주지 않는다. 지금이라도 책 읽기를 시작한다면 중학생, 고등학생이 되어서 ‘그때 책 좀 읽힐 걸!’ 하는 후회는 하지 않을 텐데 말이다.

독서가 단순히 교육의 수단이 되어 가는 현실이 안타깝다. 신문 1글자도 읽지 않는 부모가 아이에게 책 읽기를 강요만 하고 있는 것 또한 답답하다. 애들 앞에서는 찬물도 함부로 못 마신다는 말이 있다. 아이는 가장 가까이 있는 부모를 보고 배운다. 애들 앞에서 책을 읽으면 좋을 텐데!

아이들은 무조건 책을 싫어하지 않는다. 떠도는 광고와 카더라 통신에 따른 무차별한 따라 하기 식의 독서 교육, 사들인 책을 무조건 읽히는 독서 강요, 본보기가 되지 않는 부모의 독서 습관, 글 읽기도 익숙하지 않은데 시작되는 조기 교육, 짧은 시기에 끝나는 책 읽어주기 열정, 독서를 성적의 수단으로만 보는 부모의 시야. 이것들이 모여서 아이의 책을 보는 좋은 시선을 바꾸게 되는 것이다.

아이가 책을 싫어하는 것 같으면 다시 한 번 생각해보자. 책 읽기가 엄마의 이벤트로만 끝나지 않았는가? 나의 독서 습관을 거울에 비춰보고 아이를 바라보면 아이가 왜 책을 싫어하는지 조금은 알게 될 것이다.

★ 아이를 위한 책

『투덜투덜 그림일기』

박물관에서 만난 기와 도깨비와 함께 그림일기를 쓰는 방법과 일기 쓰기의 중요성을 일깨워 가는 이야기가 담겨 있다.

★ 부모님을 위한 책

『13세 전에 완성하는 독서법』

북 큐레이터인 저자가 평생 가는 독서 습관은 초등학교 졸업 전에 만들어야 함을 주장한다. 아이에게 알맞은 독서법을 찾아갈 수 있도록 엄마를 안내해주는 책이다.

03 강요하면 아이는 책과 멀어진다

"더 많이 준다고 아이를 망치는 것은 아니다.
충돌을 피하려고 더 많이 주는 것이 아이를 망친다."
– 존 그레이

억지로 시키면 하기 싫어지기 마련이다

"엄마, 그건 나한테 영어도 공부하라는 말이지?"

눈치 빠른 큰아이가 나에게 했던 말이다. 큰아이는 내년에 초등학교 3학년이 된다. 정규 과정에 있는 영어 공부를 어떻게 준비할 수 있을까를 고민하다가 '그래, 동기부여!'라는 생각에 이르렀다. 그래서 아이에게 말했다.

"성재야. 성재가 혼자 미국에 있는 슈퍼에 가서 네가 먹고 싶은 과자를 사올 수 있게 되면 엄마랑 비행기 타고 미국 여행 가자."

미국 여행을 이유로 영어를 필요하게 만들어서 공부할 수 있도록 동기를 주어야겠다고 생각하고 건넨 말이다. 하지만 아이에게서 돌아온 말은 처음의 말과 같다. 속내를 들키고 나니 더는 이어서 할 말이 없었다.

나는 영어 콤플렉스가 있다. 처음 영어를 접하던 중학교 1학년 때는 수업을 듣고 흥미가 생겼다. 하지만 암기라는 장벽 앞에서 영어는 점점 어려워졌다. 영재반을 뽑는 시험에서 떨어진 경험이 영어와 멀어지게 만들었다. 국어, 수학, 과학은 다른 친구들보다 월등히 높았지만 영어는 바닥이었다. 당시 영어 과목을 맡고 있던 담임 선생님은 친구들이 다 보는 앞에서 망신을 주셨다.

"넌 담임이 영어 선생님인데 그걸 못해서 영재반에서 떨어지니? 나 참, 창피해서……."

그때부터 영어는 더 이상 흥미 있는 과목이 아닌 부담스런 과목이 되었다. 그렇게 영어는 수능 시험에서도, 입사를 결정하게 하는 부분에서도 결정적인 영향을 미쳤다. 그래서 우리 아이만큼은 부드럽게 영어에

접근하고 스스로 잘할 수 있도록 만들어주고 싶었다. 그런데 그 또한 나의 욕심이었다. 아이에게 마음을 들키고 나서야 알았다.

우리는 남이 시키는 것은 하기 싫어하는 반항 심리를 태어나면서부터 가지고 있나보다. 하고 싶던 것도, 해야겠다고 생각했던 것도 하라고 시키는 사람이 생기는 순간부터 하기 싫어진다. 의욕도 의지도 떨어진다. 그 순간부터 내가 하고 싶은 것이 아니라 누가 시킨 것을 하는 것 같다. 자발적이지 못한 사람이 된다는 느낌도 든다.

그래서 시키지 않고 아이가 하고 싶을 때까지 기다려주는 엄마가 되겠다고 다짐했다. 하지만 아이를 키우면서 깨달았다. 아이가 하고 싶을 때까지 기다리는 것은 홈 쇼핑에서 주문한 물건이 배달되기를 기다리는 것만큼이나 어렵다. 택배가 올 때까지 계속 배송 조회를 하며 상품이 발송되었는지, 배송이 어디까지 왔는지를 확인하는 것처럼, 아이의 상태를 확인하게 된다.

계획을 지키려다 목적을 잊지 마라

나는 계획에 의해 움직이는 사람이다. 여행을 가더라도 이 시간에는 어디서 무엇을 먹고 있어야 하고, 이 시간에는 어디서 무엇을 구경하고 있어야 하고⋯⋯. 시간표를 짜고 경비도 딱딱 떨어지게 미리 준비해서 출발한다. 계획되지 않은 여행은 나를 힘들고 지치게 한다고 생각했다.

하지만 이 경우, 하나라도 그 계획이 틀어지는 순간 여행 속 재미와 여유는 사라진다. 어떻게 해야 다음 스케줄에 맞출 수 있는지 조바심을 내느라 당초 여행하려고 했던 본연의 목적을 잊는다.

아이에게 처음 책이 필요하다고 생각해서 전집을 사들인 날도 같았다. 전집이 온 날, 박스 안에 들어 있는 책의 목록을 펼쳤다. 그리고는 60권이 들어 있는 것을 확인했다.

'그래, 오늘부터 하루 1권씩이면 2달이면 다 읽을 수 있겠네.'

목록을 벽에 붙여놓고 1권을 읽을 때마다 체크 표시를 했다. 그런데 계획대로 되지 않았다. 아이는 어제 읽은 책을 오늘도 읽어달라고 했다. 어느 날은 두세 권을 가지고 와서 읽어달라고 했다. 이미 읽은 책이라도 다시 읽어줄 수 있다. 하지만 오늘 계획에 있던 새로운 책을 못 읽고 지나가면 내일 읽을 새 책이 2권이 된다. 그런 날이 이틀, 사흘 반복되면 아이와 책 읽기는 과제가 됐다. 부담이 쌓였다. 그때부터는 아이가 읽고 싶은 책보다 내가 읽어주겠다고 마음먹은 책을 먼저 읽어줬다.

아이를 살살 꼬여서 새로운 책을 펼친다. 시간 많은 주말이면 집착은 더 심해졌다. 밀린 책 몇 권을 빼서 쌓아두고 아이를 내 무릎에 앉히려고 몇 번이고 시도한다. 아이가 읽고 싶었던 책은 미룬다. 이것 먼저 읽고 읽어주겠다고 한다. 이렇게 몇 번 자신이 읽고 싶은 책이 뒤로 밀리기 시작하면 아이는 책 자체를 밀어내기 시작한다. 엄마가 앉아 있으면 무릎 위로 엉덩이부터 들이밀던 아이는 곁으로 오다가 눈치를 싹 살피고는 도망가버린다.

3살 된 아이를 두고 계획을 세워 새로 들여온 전집을 2달 안에 읽어주겠다고 마음먹은 내가 잘못된 것이었다. 3살일 때도 눈치가 빤해서 엄마의 의도를 금방 읽어냈는데, 이제 9살이 된 아이의 눈치는 오죽할까?

필요성과 분위기를 만들어줘라

내가 다니는 회사에서는 1년에 2번 봉사 활동을 해야 한다. 누구나 봉사에 대한 열망이 있다. 그래도 스스로 봉사할 곳을 찾는 것은 쉽지 않기 때문에, 나는 회사에서 봉사를 할 수 있도록 자리를 마련해주는 것이 무척 좋았다. 1년에 2번이 의무지만 자발적으로 추가 신청을 하기도 했다.

10년 동안 회사에 다녔지만 봉사 활동에 대한 의지는 그대로다. 하지만 입사 후 몇 년이 지나자 개인적인 시간을 고려해주지 않고 1년에 2번 강요되는 봉사 활동에 반감이 생겼다. 남을 돕는 봉사도 중요하지만 그 사이 결혼도 하고 아이도 낳으며 나만의 방식으로 봉사하고 싶다는 생각이 들었다. 회사에서 시키는 봉사 활동은 강요라고 생각이 바뀌었다.

부모가 아이에게 강요하는 독서가 이 봉사 활동과 별반 다를 게 없다
는 생각이 든다. 원래 아이들은 책이 재미있어서, 엄마랑 함께 책을 읽는
시간이 좋아서 책에 관심을 가지게 된다. 그렇게 책을 보다가도 다른 더
재미있는 놀거리가 생겨난다. 그곳으로 눈을 돌린다. 그러면 여지없이
엄마는 잔소리를 한다.

"책 좀 읽어라, 게임만 하지 말고!"

아이에게도 책이 읽고 싶은 시간이 있고 게임을 하고 싶은 시간이 있
다. 그런데도 무조건 책만 읽으라고 하니 반감이 생긴다. 또 내가 좋아하
는 책이 있다. 이번 주는 매일 우주 과학 책만 읽고 싶다. 똑같은 책이라
도 오늘 읽은 내용과 어제 읽은 내용이 다른 것 같다. 책이 닳도록 읽어
댄다. 그것을 바라보는 엄마는 걱정부터 생긴다. '책 편식이 심한 것 아닌
가?' 다른 책들을 아이 앞에 들이민다.

"그 책만 읽지 말고 역사책도 읽고 위인전도 좀 읽지? 너는 어떻게 된
애가 한 가지에 빠지면 그것밖에 할 줄 모르니?"

있는 책을 골고루 읽어야 한다는 강요가 들어온다. '이것만 읽고 다른
책도 봐야지.' 했던 아이의 마음이 사라진다. 엄마가 시킨 일이라서 하기
싫어진다. '엄마도 맨날 똑같은 드라마를 보면서 나는 왜 내가 하고 싶은

것을 못 하게 하는 거야? 엄마도 책 좀 읽지?' 당연한 생각이 머릿속에 생긴다.

우리도 어릴 적 공부를 해야 한다고, 그래야 좋은 대학에 갈 수 있다고 생각했다. 하지만 "공부해야지, 공부해야지, 학생이 공부 말고 할 게 뭐가 있니?"라는 소리를 계속 듣다 보면 반항심이 생긴다. 딱 여기까지만 TV 보고 공부하러 가려고 했는데, TV 그만 보고 공부하라는 소리를 들으면 어땠는가? 책 읽으라고 닦달하는 내 모습에 반응하는 아이의 머릿속이 보일 것이다.

일방적인 강요는 아이와 책을 멀어지게 한다. 필요를 느끼게 해주고 분위기를 조성해주고 함께 읽는 모습을 보여주면 어떨까? 책을 사준 돈이 아까워서, 공부하라고 놓아준 책상과 의자가 놀고 있는 것 같아서 본전 생각이 나는 건 어쩔 수 없다. 본전 생각이 난다면 조금만 더 기다려 보는 건 어떨까? 집에 책과 공부방이 있다면 아이도 이미 '아, 저 책을 읽어야 할 텐데…….'라고 생각하고 있다.

가끔 나도 싫어하는 가지나물을 아이 숟가락에 얹어주며 골고루 먹으라는 한마디를 남긴다. 아이는 "엄마도 가지 싫어하면서 나만 골고루 먹으래!"라고 한다. 그럴 때면 뜨끔한다. 속마음을 들켜버린 것 같아서 먹기 싫은 가지를 한 젓가락 가득 집어 입에 넣는다.

골고루 먹어야 한다는 잔소리와 함께 아이의 숟가락에 가지를 얹어주는 것보다 고기를 먹듯 맛있게 먹는 모습을 보여줘라. 아이는 자연스럽게 가지나물에 관심이 갈 것이다. 독서도 마찬가지다. 강요할 게 아니라 읽는 모습을 먼저 보여 줘라. 사들인 책과 멋지게 공부방 꾸미는 데에 들인 본전보다 더 큰 보답으로 다가올 것이다.

04 조기 교육은 독서가 답이다

"책은 한 번 돈을 투자하면 아이가 수십 번을 보더라도
추가 비용이 들어가지 않는다."
– 김미옥,『13세 전에 완성하는 독서법』

독서하면 감성과 지식을 동시에 얻는다

휴가를 낸 어느 가을날 해 질 녘, 아이들과 주민 센터 레고 수업에 참여하고 집에 돌아가는 길이었다. 해가 지면서 우리가 가는 방향에 있는 산이 노랗게 물들어 가고 있었다. 5살 둘째가 해를 가리키며 말했다.

"엄마, 해가 지고 있네. 근데 엄마, 해가 구름한테 진 거야? 달님한테 진 거야?"

질문 내용이 너무 귀여워 한참을 웃다가 대답했다.

"정재야, 해가 진다는 건 싸워서 이기고 지고 하는 게 아니라 지구 반대편으로 해가 간다는 뜻이야."

이렇게 이야기해주었다. 그러자 뒤에서 가만히 듣고 있던 큰아이가 말한다.

"엄마, 해가 지구 반대편으로 가는 게 아니고 지구가 움직이는 거야. 해는 항상 그 자리에 가만히 있는다고!"

그날은 두 아이에게 제대로 한 방씩 얻어맞은 기분이었다. '진다'의 뜻을 패배라는 뜻으로 받아들인 둘째의 엉뚱함과 8살 나이로 엄마에게 지동설을 깨우쳐 준 첫째의 지적 성숙함 때문이었다. 둘 모두 독서를 했기 때문에 그런 말을 한 것이라고 장담할 수 있다.

아이들은 언제 스스로 할까?

우리 아이들도 조기 교육을 한다. 다만 사교육을 시키지는 않는다. 유치원을 다니며 배우는 영어를 제외하면, 공교육에서 권하는 연령별 수준을 거스르지 않으려고 노력한다. 큰아이가 4살 때 학습지를 통해 한글 공부를 미리 시킨 적이 있다. 그때 실패를 맛본 이후로는 더욱 신념이 굳건하다. 다만 아이가 호기심을 느끼거나, 하고 싶어 하는 활동은 적극 지원하는 편이다.

둘째 아이는 만 3살에 한글을 스스로 터득했다. 엄마인 나도 믿기지 않지만 워킹맘인 내가 해준 거라고는 잠자리에서 책 읽어주기와 벽에 글자판을 붙여놓은 것이 전부다. 주변 엄마들은 영재 검사를 해봐야 한다고, 한글을 터득했으면 당연히 영어 유치원에 보내야 한다고 했다. 내 귀가 팔랑거렸지만 확고한 신념으로 유혹을 뿌리쳤다. 사실 여유롭지 않은 경제적 조건도 무시할 수는 없었다.

내적 동기와 자발성이 영유아기 배움을 이끌어낸다

미국의 인지 심리학자인 자크 메흘러와 톰 비버는 영유아의 배움이 어떻게 일어나는지에 대해 실험했다. 다른 유명한 스위스의 인지 심리학자인 장 피아제Jean Piaget는 4~5세 이전의 아이들은 수량에 대한 인지 능력이 만들어지지 않는다고 주장했다. 그런데 앞서 말한 2명은 이 주장에 오류가 있음을 입증했다.

적은 수의 구슬을 넓은 간격으로 길게 늘어놓고, 더 많은 구슬을 짧게 늘어놓은 후 어느 줄이 더 많은가를 유아기의 아이들에게 물었다. 아이들은 수가 적지만 길게 늘어선 줄의 구슬이 더 많다고 대답했다. 여기까지는 피아제의 주장과 일치한다. 하지만 이번에는 구슬의 자리에 구슬 대신 초코볼을 놓았다. 그리곤 아이들에게 어느 쪽 초코볼을 먹을지 물어보았다. 놀랍게도 아이들은 더 많은 초코볼을 짧게 늘어놓은 쪽을 선택했다.

늘어서 있는 것이 구슬이었을 때 아이들에게 구슬의 수는 중요하지 않았다. 그런데 초코볼을 먹으라고 하니 자신의 문제가 되었다. 더 많은 초코볼을 먹어야겠다는 생각이 들자 그제야 수를 세기 시작한 것이다. 이 실험을 통해 자크 메흘러와 톰 비버는 '내적 동기'와 '자발성'이 전제되어야만 영유아기의 배움이 일어난다고 밝혔다.

우리 작은아이의 경우가 그랬다. 형에 대한 질투와 형에게 뺏긴 엄마, 아빠의 관심을 찾고자 하는 일로 동기가 생겨 스스로 한글을 터득한 것이다. 둘째는 쭈욱 우리 곁에서 자랐고 잘 먹고 잔병치레도 없었다. 첫째는 우리와 떨어져서 자랐기 때문에 더 애달팠다. 몸도 약해서 첫째에게 더 많은 관심과 응원을 보냈다.

둘째는 자신이 형보다 뭔가 조금 더 튀는 행동을 하거나 잘하는 것이 있어야 엄마, 아빠가 관심을 가진다는 것을 알았다. 그래서 자발적으로 한글 공부에 매진한 것이다. 짠하고 가슴 아픈 이야기이지만, 보통 첫째보다 둘째가 모든 면에서 빠른 이유가 이것이 아닐까?

이렇듯 동기의 효과를 알고 있기에 영어 유치원이나 기타 사교육을 통한 조기 교육의 유혹에서 쉽게 빠져나올 수 있었다. 대신 더 이상 작은아이가 잘하는 것을 칭찬하는 일에 인색하지 않기로 했다. 큰아이의 눈치를 보느라 작은아이를 진심으로 칭찬하거나 보듬지 못한 게 사실이기 때문이다.

조기 교육보다는 독서에 더 힘을 실어보기로 했다. 글을 빨리 깨우쳐서 일찍 책을 읽기 시작하여 감성은 자랐지만, 해가 지는 것과 싸움에 지는 것을 구분하지 못하는 등 어휘적인 면에서는 이해력이 떨어졌다. 책의 힘을 빌려 아이의 창의력과 호기심을 길러 주었다. 주입식 교육에서 조금은 멀어지길 바랐다.

조기 교육으로 키울 수 없는 것을 독서가 키운다

창의력을 키우기 위해 아이의 호기심과 관찰력, 집중과 엉뚱함이 발휘될 수 있게 기다려주는 것은 중요하다. 그 기다림은 생각에 날개를 달아준다. 아이를 훨훨 날게 해주는 중요한 시간이다. 하지만 어른인 우리는 너무 바쁘다.

아이와 함께 바쁜 걸음을 옮길 때면 아이는 어김없이 주변에 한눈을 판다. 엄마를 잘 따라오지 못한다. 아마 개미에 정신이 팔려 길에 쪼그려 앉은 아이의 손을 끌어본 경험은 누구나 있을 것이다. 아이가 개미를 관

독서는 시간과 장소의 제약을 받지 않고 아이를 키울 수 있다.

찰할 수 있도록 끝까지 기다려준 부모는 얼마나 될까? 나 또한 그렇게 하지 못했다. 아이의 관찰에 조금만 여유를 갖고 기다려주자고 다짐하지만 쉽지 않다.

안타까운 것인지 다행인 것인지, 아이의 이런 호기심은 초등학교를 들어가면서 점점 줄어든다. 학교가 끝나면 바로 학원에 가거나, 바로 집으로 와야 한다. 근처에는 위험한 것들이 너무도 많다. 한눈을 팔다 자칫 잘못되기라도 할까봐 집으로 곧장 오라고 당부한다.

이런 시간적인 제약과 세상의 위험에서 지적 호기심과 창의력을 지켜주기 위해서는 독서가 필수다. 독서는 시간과 장소의 제약을 받지 않고 아이를 키울 수 있다. 아이의 지적인 면뿐만 아니라 내적인 힘도 함께 키울 수 있다. 이것은 조기 교육으로 미리 키울 수 없는 것이다.

조기 교육보다 기다림을 택하자

'조기 교육'은 어른들의 시각에서나 필요해 보인다. 사회생활을 하면서 간혹 후회가 밀려올 때가 있다. 엄마가 공부 열심히 하라고 할 때 열심히 해 둘 걸. 영어는 미리 좀 공부해 둘 걸. 대학 시절에 놀지 말고 어학연수라도 다녀올 걸. 우리는 이런 후회를 아이들에게 푼다. 공부는 어렸을 때부터 열심히, 영어는 미리 했으면 좋겠다고.

더구나 아이를 키우다보면 아이의 천재성이 보이는 때가 있다. 물론 부모 입장에서, 내 아이에게만 보이는 것이다. 4살쯤 되면 스펀지가 물을 빨아들이듯이 모든 지식을 다 빨아들이는 것처럼 보인다. SBS TV 프로그램 〈영재발굴단〉에서는 이를 "4살의 비밀"이라는 타이틀로 방송한 적이 있다.

이 방송에서 아동 발달 전문가는 설명했다.

"모든 아이가 4살 때 많은 행동을 하고 많은 것을 보여주려고 한다. 4살이 되면 숫자나 한글 같은 것들이 시지각에 따라 달라보인다. 더 관심 있어 하니까 더 빨리 확장되는 것이다."

각자의 관심도에 따라서 영재성이 다르게 보일 뿐이라는 것이다. 따라서 관심을 보이는 한 분야에 초점을 맞추는 것이 아니라 균형 있는 발달을 할 수 있도록 부모가 신경 써야 한다는 의견이었다.

'조기 교육'이 아니라 아이가 골고루 발전할 수 있도록 책과 함께 아이의 속도를 맞춰주고 조절해주는 것이 부모가 할 일이다. 내가 어렸을 적에 받지 못한 교육에 대한 후회보다 책을 읽지 않고 보낸 시간을 후회하는 편이 더 낫다. 그 후회를 아이와 함께 독서하는 것으로 풀어라. 그것이 더 아이의 발전에 도움이 될 것이다.

★ 아이를 위한 책

『울렁울렁 맞춤법』

받아쓰기 빵점을 맞은 아이가 우연히 얻게 된 "틀린 글자를 가르쳐 주는 마법 연필"과 함께 동화 속에 들어가 틀린 글자를 바로잡아 가는 이야기로 왜 맞춤법을 잘 알아야 하는지에 대해 느끼게 해준다.

★ 부모님을 위한 책

『초등 책 읽기의 힘』

15년 동안 초등학교에서 근무한 선생님이 초등학교 자녀를 둔 부모라면 고민이 될 만한 내용들에 집중해서 초등 독서법을 적어냈다. 친절한 사례와 적절한 비유들이 인상적이다.

05 무작정 따라 하기 독서는 위험하다

"어떤 책들은 맛보기용이고 어떤 책들은 삼키기용이고
몇몇 책들은 씹고 소화시키기용이다."
−프랜시스 베이컨

일률적인 교육법! 일률적인 독서법?

엄마들은 교육 정보에 민감하다. 아이가 공부를 잘하려면, 명문대, SKY에 들어가려면 "할아버지의 재력, 아빠의 무관심, 엄마의 정보력"이 뒷받침되어야 한다는 말이 있다. 이런 말은 돈이 없는 우리 집안, 나와 남편의 무능력함을 탓하게 한다. 아이를 키우며 느꼈던 좋은 감정을 무기력하게 만든다.

팔랑대는 귀를 주체하지 못하고 내 아이를 다른 아이들과 함께 동일한

울타리 안으로 밀어넣는 경우가 있다. 학교라는 교육 기관이 설립된 이래, 초창기 학교의 모습과 현재 모습이 크게 다르지 않다고 한다. 한 번쯤은 쯧쯧 하며 혀를 찼을 수도 있다. 하지만 혀를 쯧쯧 차더라도 학교를 마치고 나온 내 아이를 비슷한 교육 기관으로 내몬다.

초등학교 입학 전에는 무조건 한글을 읽고 쓸 줄 알아야 한다. 초등학교 저학년 때는 미술과 피아노 등 예술을 배워야 한다. 그리고 체력을 기르기 위해 태권도나 합기도를 다녀야 한다. 고학년이 되면 예체능을 배울 시간이 없다. 교과 공부와 선행 학습을 해야 하기 때문이다. 유명하다는 수학 학원을 알아본다. 유치원 때부터 신경써 온 영어는 기본이다.

우리 아이가 옆집 아이보다 뒤쳐지는 것이 싫다. 우리 아이의 자존심에 행여 상처라도 날까봐 미리 걱정하면서 준비한다. 아이의 성격이나 기질은 무시된다. 사교육 커리큘럼이 있는 것 마냥 사교육의 복판으로 밀어댄다. 어려서 잡히지 않은 공부 습관은 중학교, 고등학교에서의 생활을 힘들게 할 것이라고 막연하게 걱정한다. 공부 습관을 들이기 위해 당연히 중·고등 교과의 선행 학습을 해야 한다고 믿는다. 독서 습관도 가르쳐야 하는 것이라고 생각한다.

아이의 성격이나 기질은 자연스럽게 형성된다. 독서 습관은 아이의 성향과 기질 등이 합쳐져서 만들어지는 것이다. 아이마다 독서 습관을 들일 수 있는 방법이 다르다는 말이다.

어느 날 갑자기 독서 선생님을 불러오고 좋은 책을 사다 줘도, 부모가 원하는 방향으로 독서 습관이 잡히지 않는다. 아이의 성격이나 기질을 고려하지 않은 채, 그저 가만히 앉아 책을 읽으라는 식의 일률적인 방법으로는 독서 습관을 들이기가 어렵다.

명문가 자녀의 독서 비법에는 그들만의 방식이 있다

『세계 명문가의 독서교육』이라는 책에는 세계 명문가를 만든 독서법이 소개되어 있다. 영국의 정치가 처칠은 역사책을 즐겨 읽고 외국어로 독서하는 습관을 키웠다. 미국의 35대 대통령인 존 F. 케네디는 엄마의 열성적인 노력으로 책을 읽는 습관을 들이고 신문을 읽으며 세상 보는 안목을 키웠다. 세계 최고의 부자 워런 버핏은 10살 때부터 주식과 투자 관련 책만 읽어 한 분야의 전문가가 되었다. 신사임당은 아이의 재능에 따라 맞춤형 독서를 통해 자녀들을 키웠다.

이외 여러 명문가의 독서법과 성공 이야기가 나와 있는데, 독서 방법과 이야기는 제각각이다. 아무리 성공했어도 다들 각각의 방식으로 독서했다. 그중 '독서의 신'인 헤르만 헤세가 전하는 독서의 기술이 있다.

"독서의 방법에 대해 누구나 조언을 해줄 수는 있지만 비법은 없다."

왜일까? 독서법은 무궁무진하기 때문이다. 나에게 맞는, 내 아이에게 맞는 비법은 스스로 찾아야 하기 때문이다. 역할 모델을 정하고 독서 목록까지 모방해서 읽은 미국의 대통령 루즈벨트도 있지만, 이 또한 그만의 독서 비법이다.

무작정 한 가지 독서 방법만을 추구해선 안 된다. 우리 아이만의 독서 방법을 찾을 때까지는 끊임없이 탐구해야 한다. 무작정 따라 하고 시도한 독서는 아이의 독서 흥미를 떨어뜨릴 수 있다. 더 이상 책을 읽지 않으려는 반감까지도 만들 수 있다.

같이 책 쓰기를 공부한 어떤 작가님은 아들이 초등학교 저학년 때 한 교육 기업에서 하는 4,000권 다독 운동에 참여하셨다고 한다. 영재처럼 보였던 아이였기에 하루에 4권씩 꾸준히 읽히기를 시도했고, 아이는 별다른 반항 없이 엄마를 잘 따라왔다고 했다. 하지만 20살이 넘은 지금, 그 아이는 책 1권도 읽지 않는 어른이 되었다고 한다. 차라리 그때 아이와 제대로 대화를 나누거나, 차라리 싸웠다면 그렇게 집착하며 책을 강요하지 않았을 것이라고 후회하셨다.

그 아이는 아마 책 읽기를 좋아하지는 않았을 것이다. 다만 엄마가 시키는 것에 싫다는 내색을 하지 못하는 성격을 가진 아이였을 수 있다. 엄

아이와 함께 서점으로 나들이를 가자.
스스로 책을 고를 수 있는 시간과 자유를 줘라.

마는 그것을 파악하지 못하고 '잘 따라와 주니 다행이다.' 생각하며 아이를 내몰았다. 이것이 어른이 된 아이에게 영향을 끼쳤다.

조바심을 버리고 우리 아이의 독서 취향을 알아보자

팔랑귀를 잠재워라. 그보다 우리 아이의 독서 취향을 알아야 한다. 독서 취향을 알기 위해서는 여유가 있어야 한다. 조바심을 가지면 아이의 취향을 알아채기 힘들다. 좀 더 여유 있게 아이를 바라보라. 아이가 좀 더 여유롭게 책 속에 푹 빠지게 하려면 방학을 이용하는 것이 좋다. 워킹맘이라면 여유로운 시간이 주말밖에 없지만, 아이는 방학 때 좀 더 길게 책과 함께할 수 있는 시간이 주어진다.

아이와 함께 서점으로 나들이를 가자. 시간이 없다면 온라인 서점을 통해 책의 간략한 내용과 서평을 읽어보자. 스스로 책을 고를 수 있는 시간과 자유를 줘라. 직접 고른 책을 읽으면 어떤 고가의 전집을 읽을 때보다 큰 성취감을 느낄 수 있다. 10번을 읽어도 재미있다면서 또 그 책을 읽고 있다면, 그것이 아이의 독서 취향이다.

인터넷에서 우리 아이가 할 독서법을 알아보고, 떠도는 독서법을 따라 하고 있지는 않은가? 무조건 이렇게 하면 아이가 책을 잘 읽게 된다는 방법들 말이다.

책과는 조금 다른 얘기지만, 복직을 준비하며 아이의 젖을 떼고 분유를 시작하던 때였다. 어떤 분유가 좋은지 찾아보았다. 인터넷에 올라온 글 중 하나는 각종 분유 회사 사이트에 신청을 하면 분유 샘플 몇 봉지를 보내준다니 신청하라고 했다. 먼저 온 분유 샘플을 먹였다. 하루가 지나니 아이가 설사하기 시작했다. 이 분유가 맞지 않는가보다 하고 두 번째 온 샘플을 먹였다. 이번엔 좀 괜찮은 것 같다. 하지만 며칠 되지 않아 다시 설사를 한다. 이번에도 실패였다.

분유 때문에 탈이 난 아이에게 어떤 분유를 먹여야 하는지를 맘 카페에 물었다. 공통적으로 선호하는 분유가 있었다. 조금 비쌌다. 하지만 아파하는 아이를 두고 볼 수 없었다. 결국 사서 먹였다. 아이는 며칠 동안이나 변을 보지 못했다. 결국 병원을 찾을 수밖에 없었다. 그러는 동안 복직해야 하는 날이 찾아왔다. 아이에게 맞는 분유를 찾지 못한 채 복직을 했다. 먹여 본 분유 중 그래도 조금 더 잘 맞는 것 같은 분유를 통으로 사두고 출근했다.

아이는 그 분유를 먹었다. 이상하게 처음 먹였을 땐 탈이 났던 분유인데 일주일 동안 별다른 탈이 없었다. 알고 보니 모유를 먹던 아이에게 처음 분유를 먹이면 적응하는 기간이 필요하다고 했다. 그런데 나는 아이의 증상에 즉각 반응해서 계속 다른 분유를 시도했다. 그래서 탈이 지속

됐던 것이다. 결국 병원 신세까지 지게 되었으니 유난 떠는 팔랑귀 엄마 탓에 아이만 고생했다.

아이의 독서도 이와 같지 않을까? 조급한 마음으로 아이의 속도를 기다려주지 못한 채, 아이의 취향을 알아채지 못하고 있는 것은 아닐까? 이 때문에 아이는 책에서 오는 즐거움과 깨달음 전에 책에 대한 부담부터 느꼈을지도 모른다.

책은 아이가 세상을 살면서 평생 가지고 갈 버팀목이 되고 나침반이 된다. 그런데 어린 나이에 책에 대한 반감이 생겨버린다면 아이는 삶의 방향을 잃게 된다. 물론 책이 있어야만 올바르게 자라는 것은 아니다. 그러나 누구의 도움도 받을 수 없을 때, 책이라는 동아줄이라도 잡을 수 있다면 좋을 것이다. 그걸 잡을 수 있는 힘을 키워놓아야 한다. 그런데 부모가 그 동아줄을 끊어버리고 있는지도 모른다.

무작정 따라 하는 것이 아니라 우리 아이를 잘 살펴보고 기다려주자. 아이가 자립할 수 있을 때까지 아이의 마음을 헤아리고 취향을 발견해주는 것은 부모가 아니면 누구도 할 수 없다.

★ 아이를 위한 책

『고슴도치야, 무얼 보니?』

자음 속에 숨어있는 숨은그림찾기 책이면서, 자음으로 된 그림 안에 같은 자음으로 시작하는 숨은 그림을 찾는 책으로 아이의 호기심을 자극하고 자연스럽게 한글 알기를 놀이로 만들 수 있다.

★ 부모님을 위한 책

『세계 명문가의 독서 교육』

처칠 가문, 케네디 가문, 버핏 가문 등 세계 명문가 자제들의 독서 교육에 대한 철학을 담은 책이다. 명문가의 자제들 모두 동일한 독서 교육을 받은 것이 아니다. 각각의 가문의 개성과 철학에 맞는 교육을 했다. 우리 아이의 특성을 잘 파악해서 명문가의 독서 교육을 벤치마킹할 수 있다.

06 평생 독서를 원한다면 책을 읽어주라

“정말 훌륭한 책은 젊을 때 읽어야 하고,
성인이었을 때와 나이 들었을 때 다시 또 읽어야 한다.
마치 좋은 빌딩이 아침 햇살에 비춰지고,
정오와 달빛에도 보이는 것처럼 말이다.”
– 로버트슨 데이비스

아이와의 소중한 시간, 잠자리 책 읽기

“오늘은 어떤 책 읽어줄까? 먼저 가져오는 사람 책부터 읽어줄 거야.”

매일 밤 아이들을 잠자리로 부르는 나만의 명령어이다. 큰아이가 두 돌이 지나서부터 잠자리에서 책을 읽어주기 시작했다. 나는 아이를 지방의 시댁에 맡겨두고 주말마다 만나러 가는 워킹맘이자 주말맘이었다. 시댁으로 아이를 만나러 간 주말에도 일주일 치 이유식을 만드느라 아이와 눈 마주칠 시간도 많지 않았다. 주말 출근도 많았던 나는 아이와 많은 시간을 함께 보낼 수 없었다. 아이에 대한 죄책감이 쌓여갔다.

나중에 18개월 된 아이를 집으로 데려와 직접 키우게 되었다. 주말 부부이기도 했던 나는 6개월 동안 남편 없이 혼자 아이를 키웠다. 어린이집과 시간제 베이비시터의 도움을 받았다. 아이를 데리고 온 뒤에도 집안일은 해야 했기에 아이가 어떻게 크는지도 모르고 시간을 보냈다.

일이 끝나고 집에 오면 저녁 10시. 엄마를 기다리던 아이를 간신히 재우고 나면 남은 집안일과 다음 날 아이의 먹을거리를 준비했다. 그렇게 새벽 12시가 훌쩍 넘어 잠에 들고, 아침 6시면 일어나서 출근 준비를 하며 어린이집에 보낼 것들을 챙겼다. 간신히 지각을 면할 정도의 시간에 아이를 깨워 어린이집에 데려다 주고서야 출근했다.

아이가 24개월이 되고 친정 부모님과 함께 살면서 여유가 생겼다. 그제야 훌쩍 커버린 아이가 눈에 들어왔다. 아이는 "엄마, 아빠."정도의 단어만 말할 줄 알았다. 자기 말을 못 알아듣는 나에게 발을 동동 구르며 짜증을 내기 일쑤였다. 답답한 것은 나도 마찬가지였다. 아이가 무엇을 원하는지, 무엇이 불만인지 눈치채기가 여간 힘든 게 아니었다.

문제가 무엇일까? 아이가 발을 동동 구르며 화가 난다고 자기 얼굴을 손으로 긁어 상처를 내는 이유가 뭘까? 죄책감이 몰려왔다. 아이가 태어나면 3년 동안은 엄마가 돌보는 것이 좋다고 많은 책에 나와 있다. 하루에 3시간은 충분히 아이와 교감하라고 한다.

그래서 시작했다. 내 아이와 책 읽기. 책 읽어주기.

하루 30분, 아이와 보낼 수 있는 시간이 확보되면 아이를 무릎에 앉히고 책을 읽어주었다. 보통은 잠자리에 드는 시간에야 아이와 함께할 수 있었다. 그래서 잠자리 시간에 책을 읽어주기 시작했다. 하지만 나는 단 30분도 아이와 눈 맞추고 이야기하기 힘들었다.

유대인의 힘, 독서와 토론으로 글로벌 인재로 키워라

전 세계 인구 중 0.25%밖에 되지 않는 유대인들이 세계를 장악하고 있다. 노벨 경제학상 수상자의 65%가 유대인이고,『포춘Fortune』지 선정 글로벌 100대 기업 중 40%가 유대인 소유라고 한다. 또한 전 세계 백만장자 중 20%가 유대인이다. 아인슈타인, 토마스 에디슨, 프로이트, 스티븐 스필버그 등 이름만 대면 알 수 있는 사람들은 모두 유대인이다.

갑자기 유대인 이야기를 꺼낸 이유는 유대인이 이렇게 이름과 업적을 드러내고 있는 힘이 바로 독서와 토론이기 때문이다. 어렸을 적부터 베갯머리 독서와 밥상머리 토론이 몸에 밴 유대인들은 평생을 그 힘으로 살아간다고 한다. 책을 항상 가까이 하고, 책으로 수없이 묻고 답하면서 자신의 생각과 신념을 확고히 하고 남과 다른 독특함을 길러낸다.

그 힘의 저력에는 유대인 부모의 노력이 있다. 항상 책을 읽어주고 토론할 수 있도록 도와주는 것이다. 책의 내용으로 토론을 하려면 부모도 함께 같은 책을 읽어야 한다. 그렇게 부모가 함께 읽어 준 탈무드나 토라의 이야기를 토론 주제로 올려놓고 이야기하는 것이다. 이런 습관이 몸에 배인 그들은 자식에게도 똑같은 방식으로 대물림한다. 항상 책을 손에 쥐고 토론하기를 일상으로 삼는 것이다.

한 현인에게 질문을 했다.
"당신은 어떻게 현인이 되었나요?"
그러자 그 현인이 대답했다.
"내가 식용유보다 등유에 더 많은 돈을 썼기 때문입니다."

위 대화 속 현인처럼, 유대인들의 독서는 돌 무렵부터 침대 머리맡에서 부모가 읽어주는 베갯머리 독서로 시작되어 평생 지속된다. 베갯머리 독서는 매일 꾸준히 1권씩 지속된다. 책이 두꺼운 경우는 1/3만 읽고 나머지는 다음날 읽어주는 것으로 한다. 아쉬움을 남김으로써 아이의 상상력을 키워준다.

부모가 자녀에게 규칙적으로 책을 읽어주면 스스로 독서하는 능력이 길러진다. 그 힘은 평생 독서할 수 있는 습관을 만들어 준다. 하지만 한국 아이들의 사정은 다르다. 어렸을 적에는 책 읽기를 중요시하지만 초등학교 고학년만 되어도 교과서와 참고서 보는 데만 열을 올린다. 입시와 성적에 주안점을 두다보니 책 읽을 시간이 없다. 독서는 논리력과 창의적 사고, 비판적인 사고를 길러준다. 한국 학생들에게 논리력이 부족한 이유는 꾸준한 책 읽기가 이루어지지 않았기 때문일 가능성이 크다.

세상이 변해 지필 시험보다는 인터뷰와 같은 구술 시험으로 평가의 잣대가 바뀌고 있다. 하지만 한국에서는 그 인터뷰조차도 예상 문제를 출제해 그에 맞는 답을 암기하는 식으로 대처하고 있다. 국내에서 예상 가능한 문제에는 대응이 되겠지만, 이런 식이라면 세계로 나갔을 때에 우리 아이들은 우물 안 개구리가 될 수밖에 없다.

나는 내 아이를 우리나라 안에서만 잘 나가는 아이로 키우고 싶지는 않다. 그래서 유대인 교육법에 조금씩 관심을 가졌고, 그들이 하는 교육 방식에 관심을 두기 시작했다. 그중 하나가 꾸준한 독서다. 부모가 아이에게 책을 읽어주는 방법이다. 이 결심은 큰아이가 9살이 된 지금도 꾸준히 하고 있다. 독립적인 읽기가 충분히 가능한 나이지만 여전히 나는 잠자리 독서만큼은 실천한다. 읽히기보다 읽어주기를 계속하고 있다.

가끔 책 읽어주기를 학교나 유치원에 위임하고자 하는 부모들이 있다. 나는 책 읽어주기만큼은 다른 교육 기관에서 대신해줄 수 없는 것으로 생각한다. 아이와 교감하고 소통하는 것은 부모에게 가장 중요하다. 또한 우리 아이가 가장 좋아하는 것은 무엇인지, 관심 있는 것은 무엇인지, 부족한 부분은 어디인지 아는 것 또한 부모이다.

게다가 유치원에는 많은 아이들이 있다. 10명이 넘는 아이들 하나하나의 성향과 관심을 찾아 책을 읽어주는 것은 쉽지 않다. 간혹 1명이라도 집중력이 떨어져 엉뚱하게 행동하거나 말한다면 그날의 책 읽어주기는 멈출 수밖에 없다. 물론 전문적인 선생님의 노련함으로 아이들에게 부모와는 다른 자극과 흥미를 줄 수는 있다. 다만 아이와 깊은 소통을 하는 것은 불가능하다.

교육 기관에만 아이의 독서를 맡기면 안 된다. 하루 단 15분만이라도 꾸준히 책을 읽어주자. 아이에게 꾸준히 책 읽어주기는 어렵다. 때문에 부모도 습관이 들 때까지는 계획을 세워야 한다. 아이들이 쓰는 칭찬 스티커처럼 성공할 때마다 스티커를 붙이는 인위적인 노력이라도 하라.

하루 1권씩 한 달이면 30권이다. 하루 15분씩만 해도 한 달이면 7시간 30분이 쌓인다. 어렸을 적 아이의 책 읽기가 평생의 습관이 될 수 있듯이, 부모의 책 읽어주기도 습관이 되면 언제 어느 때나 아이에게 책을 읽어줄 수 있는 힘이 쌓인다. 습관이 되면 결코 부담스럽지 않다. 부모가 자녀에게 규칙적으로 책을 읽어주면 아이에게도 스스로 독서하는 힘이 길러진다.

아이의 질문과 관심사를 존중하라

책을 읽어줄 때 아이가 아무리 엉뚱한 질문을 하더라도 무시하지 말아야 한다. 내 아이의 수준에 맞게 대응해주어야 한다. 부모에게 무시당하지 않은 아이는 질문에도 힘이 실린다. 그 힘으로 자신의 의견을 확실히 피력할 수 있는 토론이나 용기 있는 질문을 할 수 있게 된다. 아이의 질문은 호기심에서 나온다. 그 질문의 답을 찾으면서 창의력이 길러진다. 질문을 막아버리거나 무시하면 안 되는 이유가 여기에 있다.

아이와 부모가 함께 흥미를 느낄 수 있는 책을 찾는다면 책 읽어주기는 훨씬 수월하다. 아이가 좋아하는 책은 여러 번 반복해서 읽어줘도 좋다. 나중에는 책의 내용을 아예 외우는 경우도 있다. 이런 때는 책을 덮고 머릿속에 내용을 그려보며 서로 이야기를 나눠보는 것도 좋다. 즐겁게 읽은 이야기는 아이의 머리와 가슴에 오래 남는다. 이런 기억이 쌓이고 쌓여 평생 독서의 힘이 되는 것이다.

아이의 책 읽기는 마라톤에 비유할 수 있다. 100m 달리기처럼 단숨에 뛰는 것이 아니다. 페이스를 조절하며 42.195km를 끝까지 완주하는 것이 중요하다. 그 페이스를 조절해주는 것이 부모가 할 일이다. 처음부터 욕심낼 필요는 없다. 꾸준함에 목표를 두고 끝까지 완주하는 과정을 중요시하며 아이와 함께 뛰는 것이다. 몇 번의 독서 마라톤 경험으로 아이는 평생을 책과 함께 달릴 수 있다. 그 다음은 부모가 아니라 책 자체가 삶의 페이스메이커로 작용할 것이다.

★ 아이를 위한 책

프랑스 '밀란포셰' 시리즈

프랑스 창작 동화로 두께가 5mm밖에 안 되는 핸드북이다. 어디나 가지고 다니며 읽기 쉬운 장점이 있고, 책의 제목과 그림이 아이의 호기심을 불러일으킨다.

★ 부모님을 위한 책

『독일 엄마의 힘』

성적보다 먼 미래를 내다보며 자녀를 키우는 독일 엄마들의 교육 방식을 전하고 있다. 꼭 독서에 대한 이야기는 아니지만, 학업에만 얽매여 있는 우리 교육 방식에 대해 다시금 돌아볼 수 있게 하는 책이다.

07 독서는 교육이 아니라 놀이다!

"독서만큼 값이 싸면서도
오랫동안 즐거움을 누릴 수 있는 것은 없다."
— 미셸 몽테뉴

교육이 놀이가 되고, 놀이가 교육이 된다

퇴근하고 집에 들어가니 식초 냄새가 진동을 했다. 오늘은 친정엄마가 피클이라도 담으셨나 했다. 주방에 들어서서야 식초 냄새의 진원지를 알았다. 바로 우리 큰아들이었다. 그날도 EBS 프로그램 〈호기심 딱지〉를 보고 무언가 일을 벌인 것이다.

큰아이는 과학을 좋아한다. 그래서 책으로는 풀지 못하는 궁금증을 해결해주는 TV 프로그램을 즐겨보는데, 그 중 하나가 〈호기심 딱지〉다.

〈호기심 딱지〉를 보는 날에는 어김없이 똑같이 해보려고 실험 준비물을 찾으러 온 집안을 뒤진다. 그날은 계란 탱탱볼 만들기가 방영되었다고 한다. 필요한 준비물은 계란과 식초뿐이니 주방을 기웃거릴 만하다. 계란을 컵에 넣고 식초를 부어 랩으로 덮은 뒤 며칠을 기다리면 탱탱볼이 만들어질 거라고 한다.

며칠 후 온 집안에 진동하던 식초 냄새는 사라졌고, 컵 속의 계란은 탱탱볼이 되지 못했다. 탱탱볼이 될 때까지 기다리지 못하고 꺼내서 바닥에 튕겨본 것이다. 계란은 바닥에 터지고 말았다.

나는 매번 주방을 더럽히는 아이들을 두고만 볼 수 없었다. 하지만 호기심을 참으라고도 하지 않았다. 그래서 과학 실험 준비물이 깔끔하게 들어 있는 실험 키트를 주문했다. 책과 활동지가 함께 왔다. 실험과 함께 과학 교육도 함께 할 수 있었다. 교과 연계까지 되니 일석이조다.

놀이로 접근한 독서는 일상이 된다

아이는 집에 도착하자마자 실험 키트 중 하나를 꺼냈다. 어느 날은 각설탕에 아세톤, 식용유, 물을 부어 액체에 따라 잘 녹는 물질과 녹지 않는 물질이 있다는 것을 알려주는 실험을 했다. 아이는 각설탕에 각각의 액체를 붓고 기다리다가 물에만 설탕이 잘 녹는다는 사실을 확인했다. 나는 내가 아는 것을 최대한 발휘하고 활동지에 있는 내용을 참고해서 설명했다. 하지만 내 기대와 다르게 아이는 활동지에는 전혀 관심이 없었다. 실험한 것들을 정리하라고 했다. 그런데 한참 뒤 발견한 광경에 기가 찼다.

식용유에다도 물을 붓고, 아세톤에도 물을 붓고, 결국은 3가지 액체를 컵에 다 넣어 휘휘 저으며 섞고 있었다. 식탁 위는 온통 식용유로 미끈거리고 색소물은 여기저기 튀어 있었다. 그때 신기한 걸 발견했다는 듯 큰아이가 말한다.

"엄마, 왜 물 위에 이상한 막이 생겼죠? 아! 물과 기름은 섞이지 않는다. 맞죠?"

휘휘 저은 컵 속을 가만히 들여다보니 물 위에 얇은 막이 떠있었다. 오늘 우리 아이가 한 실험은 결국 용해가 아니라 밀도 실험이 되었다. 애초에 아이는 무엇을 배우려고 실험을 한 것이 아니었다. 배우는 데는 관심이 없었다. 그냥 실험 키트로 놀았다. 놀다 보니 이전에 본 책의 내용이 자연스레 떠오른 것이다. 배우려고 시작한 과학은 결국 놀면서 끝났다.

놀면서 배웠다. 독서도 아이에게는 배움이 아닌 놀이로 다가가게 해야 한다. 아니, 독서는 교육이 아니라 놀이다. 가끔 착각해서 독서를 공부로 생각하는 경우가 있다. 이렇게 접근한 독서는 오래갈 수 없다. 왜냐하면 재미와 흥미를 유발하기 어렵기 때문이다. 애초에 독서를 놀이로 받아들인 아이들에게 책 읽기는 놀이가 되고 일상이 된다.

'배우고 싶다'와 '하고 싶다'는 다르다

우리 작은아이는 하고 싶은 것이 많다. 미술도 하고 싶고, 요리도 하고 싶고, 태권도도 하고 싶다. 하지만 큰아이는 하고 싶지 않다고 한다. 아니 배우기 싫다고 한다. 미술도, 피아노도, 주산도 싫어한다. 하고 싶다와 배우고 싶다의 의미는 다르다. 하고 싶다는 놀고 싶다는 것이고 배우고 싶다는 공부를 뜻한다. 적어도 아이가 의미하는 바는 그렇다.

유치원에 다니는 작은아이는 모든 활동을 놀이로 인식한다. 그래서 보는 활동마다 모두 하고 싶어 한다. 하지만 초등학생인 큰아이는 피아노도 미술도 모두 공부다. 그러니 엄마인 내가 학원이라도 보내려고 한 마디 꺼낼 때마다 거부감부터 드러낸다. 정말 다행인 건 독서만큼은 공부라고 인식하지 않는 것이다. 어려서부터 엄마, 아빠와 즐겁게 해온 활동으로, 놀이로 인식하고 있기 때문이다. 그래서 아무리 많은 책을 읽어도 거부감이 없다.

모든 활동이 그렇듯 선입견이 생기면 그 생각에서 빠져나오기 힘들다. 독서도 공부로 인식하는 순간이 오면 책에 다가가기 힘들다. 그래서 선입견이 생기기 전에 놀이가 되고 재미가 붙어야 한다. 학교에 들어가고,

책 읽기가 강요되고, 독후 활동이 숙제가 된 후에는 아이는 독서를 공부로 생각하기 시작한다. 그래서 독서에 재미를 들이고 습관을 붙이는 일은 빠르면 빠를수록 좋다.

반대로 어려서부터 책을 교육 수단으로 사용하면 더 빨리 선입견을 가지게 된다. 그땐 그 선입견을 벗겨주기도 힘들다. 그러니 지금부터라도 아이가 책을 거부하는 이유가 무엇인지 찬찬히 들여다보자. 그리고 부모인 내가 심어 준 아이가 책에 대해 가진 인식이 무엇이었는지 확인해보자. 혹시 책을 교육의 수단으로 생각하고 강요했었다면 당장 멈춰라!

아이와 함께 하는 시 낭송 놀이

초등학교 2학년 아이의 국어 교과서에는 동시가 나온다. 시라는 것을 처음 접해본 아이는 그저 받아쓰기의 한 구절쯤으로만 인식했다. 몇 달 전 회사 독서 모임에서 류근 시인의『어떻게든 이별』이라는 시집을 추천받아 읽어본 적이 있다. 나 역시 책은 많이 읽었지만 시집은 생소했다. 그래서인지 그 짧은 구절 하나를 읽는 데 한참이 걸렸다. 결국 시를 받아들이지 못하고 중간에 멈췄다.

그래도 아이와 시 하나쯤은 같이 낭송해보고 싶었다. 그러던 중『우리 아이 명시 낭독』이라는 책을 발견했다. 일주일에 하나씩 낭독하도록 구성되어 있었고, 시는 대부분 중·고등학교 시절에 한번쯤은 보았던 시들로 채워져 있었다.

'아이들이 이 시를 따라 읽고 외울 수 있을까?'

처음에는 이런 의문이 들었지만 멋지게 남들 앞에서 시를 읊는 아이들을 상상하면서 시작해보기로 했다. 책으로 시를 외우기는 힘들어서 우선 2장씩 복사했다. 그리고 가장 잘 보이는 거실 벽과 식탁 앞에 붙여두었다. 처음에는 주말을 이용해서 남편과 내가 시 앞을 지날 때마다 읊었다. 처음 시는 도종환 시인의 「흔들리며 피는 꽃」이었다. 제법 긴 시였지만 일주일 만에 아이들은 시를 외워서 낭독했다.

남편과 나는 우리가 잘해서 아이들이 해냈다고 잠시 착각했다. 그러나 시를 외우는 일에 숨은 조력자는 다름 아닌 외할아버지였다. 친정 아빠는 아이들과 함께 식사하실 때마다 시를 읊어주셨다. 단순히 시를 읽어주는 것이 아니라 노랫가락에 가사를 넣어 불러 주셨다. 그리고 어떤 때는 시가 붙어 있는 벽면을 바라보고 운율에 맞춰 아이들과 엉덩이를 흔들며 읊으셨다.

항상 근엄하고 말수가 적었던 할아버지가 엉덩이를 흔들며 노랫가락에 맞춰 시를 읊어주니 아이들은 그 모습이 재미있어 함께 흉내를 냈던

모양이다. 그러다 보니 시 한 편은 자연스럽게 외우게 되었다. 엄마의 욕심에 시작한 시 낭송이 재미있는 놀이가 되었고 가족 모두가 함께 하는 오락이 되었다. 주말이면 너나 할 것 없이 시를 외워보겠다고 시가 붙어 있는 벽을 뒤에 두고 읊조린다.

윤동주의 「서시」를 외우면서 큰아들은 윤동주 시인을 안다고 했다. 교과서에 실린 「봄」이라는 시를 지은 사람이라며 아는 척을 했다. 나도 같이 봄이라는 시를 찾아보았다.

우리 애기는
아래 발치에서 코올코올

고양이는
부뚜막에서 가릉가릉

앗! 이 익숙한 문장은 아이의 받아쓰기 시험 문제에 있었던 것이다. 아이도 나도 시험 문제로만 알고 접근했던 이 예쁜 문장이 윤동주 시인의 시였다니……. 아이와 함께하자 문장이 다시 보이기 시작했다. 받아쓰기 연습용으로만 보던 문장인데, 시와 놀다보니 표현도 예쁘고 유명한 시인의 유명한 시라는 것을 알게 되었다.

엄마의 욕심에 시작한 시 낭송이 재미있는 놀이가 되었고
가족 모두가 함께하는 오락이 되었다.

시와 놀고 과학과 놀듯이 독서를 교육이 아닌 놀이로 받아들이면 더욱 쉽고 재미있게 책에 다가갈 수 있다. 아이와 같이 부모인 나도 교육이라는 틀을 벗어던지고 아이와 함께 책으로 놀아보자. 놀며 깨달은 지식은 다른 지식의 연결로 이어질 수 있다.

"오늘은 책을 읽고 무엇을 배웠니?"
"오늘은 무엇을 읽고 놀까?"

2가지 방식이 있다. 어느 부모를 아이들이 더 반기고 좋아할까?

★ 아이를 위한 책

『우리아이 명시 낭독』

우리나라의 명시를 1주마다 1개씩 낭독할 수 있도록 구성되어 있다. 가족 모두가 명시를 낭독해보면 발표력과 표현력이 향상된다. 더불어 암기력도 생긴다.

★ 부모님을 위한 책

『책 읽어주는 아빠』

제목처럼 책 읽어주는 아빠에 대한 이야기가 나오지는 않는다. 아빠가 아이와 책을 읽으면서 얻은 지식을 부모들에게 나누는 책으로서, 이 책에는 아빠의 마음이 담겨있다. 꼭 아빠가 읽어야 하는 책은 아니지만, 부모가 함께 읽으면 좋을 책이다.

아이에게 책 읽으라고?
정작 엄마는 어떤지 생각해보자

부모들은 아이가 더 나은 인생을 살기를 바란다. 끊임없이 아이가 책 읽기를 바란다. 아니, 강요한다. 수없이 많은 책을 사주고 아이가 읽기를 원한다. 궁금한 점이 있으면 아이가 책에서 궁금한 점을 해결하길 원한다. 하지만 정작 나는 어떤가? 내 책을 사기 위해 서점에 일부러 들어가 본 적이 있는가? 고민이 있거나 궁금한 점이 있으면 인터넷 검색이 아니라 책에서 답을 찾아보려 한 적이 있는가?

중·고등학교 시절엔 고전, 문학, 소설들을 찾아 읽기 바빴다. 『토지』, 『태백산맥』, 『삼국지』, 『아리랑』 같은 한 시리즈에 10권씩 되는 장편들도 단숨에 읽곤 했다.

공부, 스펙 쌓기, 등록금과 용돈을 위한 아르바이트에 시간을 쏟으면서 대학 시절에는 책과 멀어졌다. 취업을 하지 않고 가까스로 대학원에 진학했다. 내 미래에 대한 막막함이 가슴 한 구석에 자리 잡고 있었다. 그래서 다시 책을 꺼내 읽게 되었다. 취업을 하고서는 처신, 인간관계, 성과와 관련된 책들을 자연스럽게 읽게 되었다.

책을 빼놓고는 반 쪼가리 인생이라 할 만큼 책과 한 몸이 되어 살았다. 하지만 이랬던 나도 엄마가 되니 나를 위한 책이 아닌 아이를 위한 책에 먼저 눈이 갔다. 내 옷 한 벌, 화장품 하나 사는 것도 아이의 학원비와 교재비에 양보하는 내가 나를 위한 책을 사는 것은 쉽지 않았다. 책을 사지 않더라도 아이와 도서관에서 시간을 보낼 때 엄마를 위한 책 코너보다 아이들을 위한 책 코너에 좋은 신간이 나오지 않았는지 서성이는 게 엄마다. 10분이면 두세 번 읽는 아이의 그림책은 서슴없이 산다.

회사에서 나오는 복지 포인트는 아이들의 전집을 사들이는 데에 쓰는 것이 당연했다. 나를 위한 독서를 하는 엄마, 나를 위한 자기 계발을 하는 사람이 되는 건 쉽지 않았다. 그러면서 책으로 보상받던 내 삶에 대한 위로는 점점 뒷전이 되어 갔다.

2장

우리 아이 책과 친해지게 하는 7가지 사명

1. 내 아이에게 맞는 책을 찾아라.
2. 부모부터 책을 읽기 시작하라.
3. 독서를 방해하는 환경을 바꿔라.

01 내 아이의 독서 취향을 저격하라

"젊은이를 타락으로 이끄는 확실한 방법은
다르게 생각하는 사람 대신 같은 사고방식을 가진 이를
존경하도록 지시하는 것이다."
– 프리드리히 니체

취향이 동기를 만든다

누구나 자기만의 독특한 취향이 있다. 꼭 독특하지 않고 평범하더라도
취향은 취향이다. 자신의 취향을 발견하고 인지하면 어떤 일이든 결정
하기가 한결 수월해진다. 어떤 일을 하고 싶게 만드는 것, 나아가고 싶은
방향 등의 근원은 바로 취향이기 때문이다. 동기를 만드는 것이 바로 취
향이다.

독서에도 취향이 있다. 책을 꼭 많이 읽어야만 취향이 생기는 것은 아

니다. 1년에 1권을 읽는 사람이라도 자신이 읽고자 하는 책의 분야나 내용이 정해져 있기 마련이다. 책을 1권 사더라도 표지에 끌려 살 수도 있고, 임팩트 있는 제목에 끌려 살 수도 있다. 이렇게 골라 사온 책이라도 프롤로그만 읽고 덮어버리는 경우도 있다. 제목이나 표지는 내 취향이었으나, 작가의 문체나 내용이 내 취향이 아닐 수 있는 것이다.

나는 시집에는 손이 잘 가지 않는다. 한창 연애에 빠져 있을 때는 간혹 연애시를 찾아 읽기도 했지만, 시를 읽으면 갑갑한 생각이 드는 것은 지금도 다르지 않다. 바쁜 생활 속에 살다보니 작가의 의도대로 함축적 의미를 담고 있는 시어들을 풀며 읽기가 힘들다. 그냥 '내가 하고 싶은 말이 이것이다.'라고 직설적으로 풀어 쓴 글들이 더 좋다. 요즘 나는 이것을 염두에 두고 책을 고른다. 이것이 최근 내 취향이기 때문이다.

아이에게도 독서 취향이 있다

내 아이의 독서에도 취향이 있다. 큰아이는 책을 고를 때 직설적으로 뜻을 내포하고 있는 제목의 책은 절대 먼저 고르지 않는다. 어떤 내용이 담겨 있을지 모를 제목의 책을 좋아한다. 무슨 이야기가 있을지 혼자 상상해보고 책을 열어 내용을 확인하는 것을 좋아하기 때문이다. 직설적 제목의 책은 이미 제목에 메시지가 다 담겨 있기 때문에 좋아하지 않는 것 같다.

얼마 전 학교 선생님으로부터 알림장에 메시지가 왔다.

"어머니, 성재가 예쁜 말 쓰게 해주세요."

초등학교 2학년이 되고 나니 아이들이 욕을 쓰기 시작한 것 같다. 몇 번을 주의를 주다가 책을 1권 샀다. 김태광 글, 천필연 그림의『왜 욕하면 안 되나요?』라는 책이다. 제목에서부터 '욕하면 안 된다.'는 메시지가 읽히는 책이다. 아이는 엄마가 왜 이 책을 사왔고 자기 앞에 갖다 놨는지 알고 있다. 그래서인지 며칠을 책상 위에 두고 보지 않았다.

며칠을 두고 보다가 아이가 고른 잠자리 책과 함께 이 책을 들고 아이 옆에 누웠다. 아이는 처음에는 "난 이 책 안 읽을 거야. 엄마가 왜 이 책 사왔는지 알아."라며 옆으로 돌아누웠다. 하지만 이내 다시 내 쪽으로 돌아눕게 되었다. 그 이유는 내가 책을 펼쳐 목차를 읽어줬기 때문이다. 세 번째 목차에 "욕에 담긴 끔찍한 뜻"이라는 말을 듣고 궁금증이 유발된 것이다.

아이는 궁금해했다. 욕에 담긴 끔찍한 뜻이 무엇인지……. 사실 미리 내가 읽어봤는데 욕에 담긴 뜻에 대해서는 나와 있지 않았다. 욕에 담긴 끔찍한 뜻을 알게 되면 아마 욕을 하지 못할 거라는 이야기가 나와 있다. 나도 궁금해서 인터넷을 찾아보았는데, 욕에 정말 그런 의미가 있었다는 것을 알고 나니 무서운 생각이 들었다. 1편을 먼저 읽어줬고 연달아 2편을 읽어주었다. 3번째 편을 읽어달라고 했지만, 밤이 너무 늦어서 다음에 읽기로 했다.

아마 내가 이 글을 쓰고 집에 갔을 때는 이미 다 읽고 잠들지 않았을까 생각한다. 사실 지난 밤에 3번째 편도 읽어줄 수 있었지만 '욕의 뜻을 그대로 알려줘도 될까?' 하는 고민이 들어 읽어주지 않았다. 우리 아이가 이 책을 읽고 싶어 한 것은 내가 내 아이의 독서 취향을 파악하고 있었기에 가능했다. 아이 스스로 책을 읽고 싶어 하도록 유도한 것이다.

아이의 취향에 맞는 책을 고를 수 있도록 도와주자

앞서 이야기한 책과 함께 또 1권의 책을 샀다. 그 책은 『야쿠바와 사자』라는 책이다. 책 표지에는 얼굴 분장을 한 아프리카 원시 부족 아이가 창을 들고 있는 모습이 그려져 있다. 색감이라곤 전혀 없이 음영만 들어간 검은 그림이다. 제목도 단순하다. 우리 아이는 바로 책을 집어 들었다.

그날 바로 잠자리 책으로 읽었다. 글자가 많지는 않았다. 어두컴컴한 그림은 조금 무섭기도 했다. 작은아이는 무서웠는지 그림은 보지 못하고 이불을 뒤집어쓴 채 듣고만 있었다.

아프리카 원시 부족의 아이들은 일정 나이가 되면 혼자 나가 사자와 싸워야 한다. 사자와 싸워 이기는 자만이 전사가 될 수 있다. 야쿠바도 전사가 되기 위해 사자를 만나러 나갔다. 하지만 야쿠바가 만난 사자는 이미 전날의 싸움으로 많이 다친 상태였다. 바로 사자를 잡을 수 있었지만 야쿠바는 비겁하게 승리를 구하지 않고 마을로 돌아간다.

큰아이는 왜 사자를 그냥 두고 가는지 자기는 이해할 수 없다며 입을 삐죽 내밀고 숨을 내쉬었다. 자기 같으면 그냥 잡아서 가겠다고 했다. 마지막 장에 야쿠바는 전사가 되지 못했고 가축을 지키는 업무를 부여받는다. 그리고 그 이후로는 더 이상 가축들이 사자의 습격을 받지 않는다. 야쿠바와의 의리를 지킨 것이다.

큰아이는 처음에 이 이야기를 이해하지 못했다. 하지만 나와 이런저런 이야기를 나누면서 서서히 야쿠바의 떳떳함과 사자의 의리를 이해하는 듯했다.

하지만 여전히 아이는 그래도 자기는 사자를 잡아 마을로 데리고 가서 전사가 되겠다고 했다. 내 아이의 생각이 그렇다니 엄마인 나라도 그 생각이 잘못되었다고 할 수는 없다. 다음에 다시 읽어보자고 하며 책을 덮었다. 우리 아이는 이렇게 단순한 흑백으로 이루어져 있고, 제목이 단순하면서도 생각할 수 있는 책을 좋아한다. 생각하는 것을 싫어하지만 생각할 수밖에 없는 책을 좋아하는 것 같다.

일률적인 전집으로는 아이의 취향을 맞춰줄 수 없다.
서점이나 도서관에서 다양한 책을 경험할 수 있게 해주자.

아이마다 독서 취향은 따로 있다. 어린아이일수록 취향을 빨리 파악할 수 있다. 자기가 좋아하는 책은 수십 번도 더 읽어달라고 한다. 그럴 땐 비슷한 톤과 비슷한 이야기가 담긴 책을 골라 읽어주는 것이 좋다. 편독이 걱정되어 굳이 아이가 좋아하지 않는 책을 강요할 필요는 없다. 아직 어리다. 책을 좋아하게 만드는 것부터 시작하자. 그러다 보면 아이의 취향이 보이고 취향에 맞게 다른 주제를 골라줄 수 있는 안목이 생긴다.

책을 좋아하는 아이라면 초등학교에 들어갈 무렵부터 다양한 책에 관심을 가진다. 그때까지는 책을 좋아하게 만드는 것에 집중하라. 아이가 좋아하는 종류의 책을 자주 가지고 놀 수 있도록 해주는 것만으로도 충분하다.

자기 스스로 책을 고르고 읽을 줄 알게 되는 나이가 되면 아이와 함께 서점에 가자. 서점에서 여러 종류의 책을 다양하게 만나게 해주면 아이는 자신이 읽고 싶은 책을 스스로 고를 수 있다. 그렇게 책을 읽다 보면 자신이 재밌어하는 책이 무엇인지 알게 된다. 자기가 좋아하는 책을 보는 안목이 생긴다. 보통 아이가 좋아하는 책들을 살펴보면 같은 출판사에서 나온 것들이 많다. 비슷한 분위기의 그림과 글이 아이의 취향을 대변한다.

나도 특별히 좋아하는 작가가 있다. 그 작가가 쓴 글의 분위기와 풍채가 마음에 든다. 그 작가의 신간이 나오면 무조건 사서 읽게 된다. 바로 조정래다. 고등학교 시절에 『아리랑』, 『태백산맥』 같은 대하소설로 조정래 작가를 만났다. 당시에는 『아리랑』 같은 대하소설을 쓰는 사람은 할아버지일 것으로 생각했다. 그런데 20년이 지난 지금도 집필을 하고 계셔서 찾아보니 이제야 70대가 된 할아버지셨다. 『아리랑』을 썼을 때가 30대였다니 믿기지 않았다.

그의 책을 좋아하는 이유는 이렇게 나이를 가늠하기 어려울 만큼 내가 느끼기에 세련되고 정갈한 문장과 실제 일어난 듯한 현실성 있는 내용들 때문이다. 요 근래에 만난 『정글만리』는 중국 관리들의 생활이 실감나게 그려져 있다. 또 『풀꽃도 꽃이다』는 70대 할아버지가 썼다고는 믿기지 않을 만큼 학생들의 생각과 생활을 잘 그려냈다. 이런 점에서 난 조정래 작가를 좋아한다.

아이도 자신이 좋아하는 작가나 그림, 책의 구성들을 찾을 수 있다. 자신의 취향에 맞게 책을 골라 읽을 수 있도록 도와주면 아이는 더욱 재밌게 책을 읽는다. 일률적인 전집으로는 아이의 취향을 맞출 수 없다. 서점이나 도서관에서 다양한 책을 경험할 수 있게 해주자. 내 아이의 독서 취향을 찾아주면 책을 읽으라고 잔소리하는 수고를 덜 수 있다.

작은아이는 캐릭터 옷을 좋아하지만, 옷을 입었을 때 다리나 팔이 많이 나오는 짧은 바지나 티는 싫어한다. 큰아이는 옷에 숫자나 그림이 들어가 있는 것은 싫어하지만, 옷을 입었을 때도 활동하기 편한 옷은 좋아한다. 두 아이가 좋아하는 옷의 취향이 다르듯 책을 고르는 취향도 다르다. 두 아이에게 일률적으로 똑같은 책을 권하고 읽히는 것은 아이의 독창성을 빼앗는 것이다. 내 아이의 독서 취향을 파악해서 책을 고르고 책을 권할 수 있는 부모가 되자.

★ 아이를 위한 책

『야쿠바와 사자』

일정 나이가 되면 전사가 되기 위해 사자와 대결을 해야 하는 아프리카 원주민 소년 야쿠바가 아픈 사자를 만나 양심을 지키는 이야기이다. 아이와 야쿠바가 되어 야쿠바가 나라면 어떻게 할지 이야기를 나눠보면 좋다.

★ 부모님을 위한 책

『초등1학년 공부, 책 읽기가 전부다』

초등학교 1학년 때의 독서가 얼마나 중요한지에 대해 나와 있으며, 입학하기 전까지 실천할 수 있는 독서 준비와 성공적인 초등 생활을 위한 초등학교 1학년 때의 독서 습관에 대한 중요성과 방법이 소개되어 있다.

02 이웃집 아이를 위한 독서법은 잊어라

"책을 엿보고 항상 볼 수 있도록 책을 옆에 두고
당신 자신만의 방법으로 어디에 무슨 책이 있는지 알도록 배열하자.
책이 당신의 친구가 되게 하고, 어쨌든 책과 친해져라."
– 윈스턴 처칠

내 아이에게 맞는 책은 따로 있다

아이를 초등학교에 입학시키고 2달 정도 육아휴직을 했다. 나는 당시 다른 엄마들과 친해지고자 노력하고 있었다. 아이가 학교에 간 오전 시간에 다른 엄마들을 초대하곤 했다. 초대한 엄마들끼리는 자주 집에 있는 책을 빌려 가거나 빌려오곤 했다.

어떤 날은 다음 해에 초등학교 입학하는 아들을 둔 엄마가 초등학교 권장 도서 목록을 물어보았다. 나는 아이 학교에서 받아두었던 권장 도서 안내문을 건네주었다. 그 엄마는 아이에게 어떤 책을 읽혀야 할지 모르겠다며 초등학교 가기 전에 권장 도서라도 좀 읽혀야겠다고 했다.

나는 학교에서 나눠준 권장 도서 목록을 쭉 훑어보고 아이가 이미 읽은 책에만 표시했다. 그리곤 다신 그 종이를 꺼내본 적도, 생각해본 적도 없었던지라 권장 도서 목록에 대해 이야기해줄 것이 없었다. 다만 우리 아이들이 좋아했고, 남자아이들이 좋아할 만한 책들을 몇 권 책장에서 뽑아주었다. 여원미디어에서 나온 『릴리의 대모험』과 김종호 작가가 쓴 『아빠의 로봇 노트』였다.

책을 받아든 그 엄마는 말했다.

"아이마다 취향이 달라서 어떤 책을 골라줘야 할지 잘 모르겠네요. 우리 애들은 서준이랑 서진이라고 둘 있는데, 둘이 읽어달라는 책의 취향이 영 달라서 매일 밤 힘들거든요. 서준이가 어떤 책을 좋아할지 모르겠는데, 대부분 남자애들은 이런 책에 호기심이 있더라고요. 여러 가지 보여주다 보니깐 아이 취향이 보여요."

삼촌에게 초대받아 세계의 오지를 탐험하는 릴리의 이야기가 담긴 『릴리의 대모험』은 우리 아이들에게 1등인 책이었다. 컬러풀한 만화로 구성되어 있지만 중간중간 동물과 식물의 실제 사진과 주인공들에게 닥치는 위기의 순간들이 아이들의 흥미를 자극했다. 물론 작은 글씨로 말풍선 속에 빽빽이 적혀있는 동식물의 설명은 읽기가 힘들어 거의 그냥 지나치듯 읽었다. 하지만 책이 너덜너덜해질 정도로 반복해서 읽었을 즈음에는 그 작은 설명까지도 읽어줘야 했다. 읽어주는 내내 애를 먹었다. 대충 지나가려고 하면 귀신같이 빼먹은 걸 알아챘다.

반면『아빠의 로봇 노트』는 글씨가 거의 없다. 이 책은 한 아이가 아빠의 방에 몰래 들어가 높은 책장 위에 있는 작은 상자에서 로봇 노트를 우연히 발견하면서 시작된다. 그 노트에는 로봇의 사양과 설계도가 그려져 있다. 한창 트랜스포머를 외치며 로봇 만화에 푹 빠져 있던 우리 아들들에게는 만점짜리 책이었다. 색칠공부 책처럼 로봇이 스케치되어 있어 작은아이는 색연필부터 들고 달려들었다.

서준ㆍ서진이네 엄마가 며칠 뒤에 책을 돌려주며 자기 아이들이『아빠의 로봇 노트』를 너무 좋아해서 새로 1권 구매한다고 했다. 반면에『릴리의 대모험』은 읽어주려니 글도 많고 정신없는 그림 때문인지 아이가 그리 흥미를 보이지 않았다고 했다. 그날은『헬로 루비: 코딩이랑 놀자!』라는 책을 빌려주었다.

초등학생인 우리 큰아들도 조금 어려워하는 책이었으나 끙끙거리며 미로 찾기를 하듯이 시간이 지날수록 재미있어하던 책이다. 역시나 그집 아이들도 어려워했지만, 책을 그만 읽는 대신 엄마를 붙들고 도와달라고 하는 통에 엄마는 집안일조차 하기 힘들었다고 했다.

서준이는 호기심과 탐구력이 많은 아이였다. 이런 아이에게 글이 많은 동화책이나 그림책을 들이대면 아이는 책에 대한 흥미를 잃는다. 아직 아이가 책에 대한 흥미나 습관이 자라지 않은 상태에서는 아이의 관심에 맞는 책을 찾아 읽히는 것이 순서다.

초등학교 권장 도서의 추천 기준이 어떻게 되는지는 모르겠다. 하지만 아무리 좋은 책을 추천해준다고 하더라도 내 아이와 맞지 않으면 무슨 소용이 있을까? 유명한 디자이너의 옷이라도 몸에 맞지 않아 발밑에 질 질 끌리면 소용이 없다.

처음부터 완벽한 습관을 들이는 아이는 없다

얼마 전 아이의 학교에서 시력 검사가 있었다. 시력 검사에서 이상이 발견된 아이만 결과표를 보내준다고 했다. 그런데 우리 아이도 안과에 가서 정밀 검사를 해보라는 안내장이 왔다. 친정엄마가 아이를 데리고 안과에 갔고 근시 판정을 받았다고 했다. 아직 안경을 쓸 정도는 아니지 만 6개월 후에 재검을 하자고 했단다.

큰아이는 정말 아무 데서나 쪼그려 앉아 읽는 버릇이 있다. 올해 초에 아이의 시력이 염려되어 형광등도 모두 LED등으로 교체했을 정도다. 일 단 아이의 쪼그려 앉아 보는 자세가 너무 불편해 보였다. 바른 자세를 유지하는 데에 문제가 있는 것 같았다. 그래서 아이가 바로 앉아 책을 볼 수 있도록 아이 체형에 맞는 의자를 들여놓았다. 처음엔 자기만의 의자가 생겨 좋아했지만 지금도 책을 읽을 때는 아무 데서나 쪼그려 앉아 읽는다.

아이가 가장 좋아하는 책 읽기 장소는 벙커 침대 밑이다. 거기서 이불로 몸을 돌돌 말고 쪼그려 앉거나 엎드려서 책을 읽는다. 천장에 달린 LED등의 빛이 잘 닿지 않는 곳이어서 스탠드를 하나 달아주었다. 아이에게 책 읽는 습관을 들이려고 장소 불문하고 책을 읽힌 내 잘못이니 누굴 탓하겠는가?

남편이 어렸을 적에 시아버님께서는 혹시라도 아이들 눈이 나빠질까 봐 책을 못 읽게 하셨다고 한다. 책을 읽고 싶으면 교과서를 보라고 하셨단다. 그래도 책 읽기를 좋아하던 아주버님은 숨어서라도 책을 읽으셨다는데, 남편은 그 말 만큼은 아버지의 말을 엄청 잘 들었단다. 그 버릇은 성인이 되어서도 여전하다. 아주버님은 꾸준히 독서를 하시는 반면 남편은 3쪽도 채 못 읽고 스르르 잠에 빠진다. 1권을 10권처럼 읽는 묘한 능력이 있다.

현재 아주버님도 남편도 모두 안경을 쓴다. 남편은 시력도 더 안 좋은데다가 그마저도 짝짝이다. 시력과 나쁜 자세가 걱정된다고 책 읽는 아이를 나무랄 수 없는 노릇이다. 그렇다고 밝은 빛이 있고 바른 자세를 유지할 수 있는 책상에서만 책을 보라고 한들 매번 지켜보며 잔소리하지 않는 한 고쳐지기는 쉽지 않다. 자칫 독서록을 쓰도록 강요했을 때처럼 책에 흥미를 잃을까봐 염려되기도 한다.

벙커 침대 밑에 스탠드보다 조금 더 밝고 아이가 켜기 쉬운 등을 달아 줘야겠다. 그리고 쪼그려 앉아 읽는 자세는 더 심각하게 버릇 들기 전에 아이 스스로 깨닫고 고칠 수 있도록 바른 자세의 중요성을 알려줄 수 있는 책을 찾아봐야겠다.

어떤 시간이든, 어떤 장소에서든 책을 읽는 습관이 든다는 것은 성인인 우리에게도 굉장히 부러운 일이다. 시중에 많이 나오는 독서법에 관련된 책을 보면, 자투리 시간에 책을 읽는 독서법, 장소 불문하고 책을 읽는 방법들이 소개된다. 일부러라도 이와 같은 독서법에 관련된 책을 읽고 습관을 들이려고 노력하는데, 우리 아이에게 바른 자세와 시력에 대한 염려로 책을 멀리하도록 할 수는 없는 노릇이지 않겠는가?

은은한 조명 아래의 침대에 누워 엄마가 소리 내어 읽어주는 책을 듣다가 스르르 잠이 드는 드라마 속 아이는 없다. 있다고 해도 매일 밤 그렇지는 않을 것이다. 어린이 맞춤형 책상과 의자에 앉아 허리를 곧게 세우고 책을 바르게 들고 읽는 CF 속 아이의 모습은 대체 어느 집에서 볼 수 있을까?

시력 검사 안내장에는 어두운 곳에서의 독서, 가까운 거리에서의 TV 시청, 장시간의 컴퓨터 사용, 바르지 않은 자세와 버릇 등이 아이의 시력을 나쁘게 한다고 적혀 있었다. 무엇이든 습관이 들면 부작용이 있기 마련이다. 그 부작용이 무서워서 좋은 습관을 망쳐버릴 수는 없는 일이다.

우리 아이의 잘 길든 독서 습관은 유지하면서도 시력과 바른 자세를 지켜줄 방법을 찾아야 한다. 무작정 "밝은 데서 책을 봐라. 책상에 앉아서 허리를 꼿꼿이 세우고 책을 읽어라." 하는 잔소리만으로는 2마리 토끼를 다 잡기는 어렵다.

우리 아이만의 독서 습관을 개선시켜라

독서광이었던 한 아이가 연필을 잡는 게 싫어서 독서록 쓰기를 싫어했다고 한다. 그런데 컴퓨터 자판을 익히고부터는 자기 생각을 글로 옮기기 시작했다는 글을 읽은 적이 있다. 이렇게 다른 대안을 마련해줄 수 있는 길을 우리 아이를 위해서 찾아야 한다. 우리 아이가 좋아하는 관심사나 흥미를 유발하는 책이 어떤 책인지 지속적으로 관찰해야 하는 것이 부모의 몫이듯 말이다.

"아이의 시력이나 바른 자세를 망쳐가면서까지 책을 읽혀야 하는가?" 하고 반문할 수 있을 것이다. 시력에 안 좋은 습관이나 나쁜 자세를 그대로 두자는 것이 아니다. 우리 아이가 가장 좋아하는 책 읽기 방법이 무엇인지 제대로 파악하자는 것이다. 문제점을 제대로 알아야 고칠 수 있고, 좋은 점이 있다면 유지해줄 수 있기 때문이다.

이웃집 아이를 위한 이웃집 아이만의 독서법은 잊자. 우리 아이만을 위한 맞춤 독서법이 무엇인지 관심을 가지고 지켜보자. 그리고 실천할 수 있도록 도와주고 부족한 부분은 보충해주도록 노력해보자. 우리 아이는 바르게 앉아서 권장 도서를 읽는 이웃집 아이가 아니다. 아무 데서나 쪼그려 앉아 자기가 원하는 책을 읽는 아이다.

★ 아이를 위한 책

『아빠의 로봇 노트』

아빠의 방에 몰래 들어갔다가 발견한 아빠의 로봇 노트이다. 로봇을 좋아하는 남자아이들이 정말 좋아할 만한 책으로 따로 로봇 노트 하나쯤 아이와 같이 만들어 볼 수 있으면 좋겠다.

★ 부모님을 위한 책

『우리 아이 독서 고수 만들기』

짧은 챕터 구성으로 목차만 보고도 궁금하고 필요한 부분을 쉽게 찾아볼 수 있게 되어 있다. 독서란 공부하듯 책을 읽는 것이 아니라 놀이하듯 읽는 것이라는 인식을 심어주고 독서에 쉽게 접근할 수 있도록 도와준다. 차근차근 설명하는 문체가 인상적이다.

03 시기적절하게 알맞은 책을 골라라

그날의 기분에 맞는 음악이 있듯, 책도 있다

요즘은 각종 음악을 들을 수 있는 사이트가 많다. 언제 어디서나 스마트폰만 있으면 된다. 인기 순위별로도, 장르별로도 들을 수 있지만 내가 가장 즐겨 찾는 분류는 테마로 묶인 음악들이다. 비 오는 날은 '비 오는 날'에 맞춰 테마를 찾고, 여행을 떠날 때는 '여행'이라는 테마를 찾는다. 기분이 우울한 날은 '감성'이라는 키워드의 테마를 찾아 듣는다.

음악을 나의 감성이나 느낌, 날씨 등에 따라 찾아 듣듯이 책을 고를 때도 그 감정이나 시기에 맞는 책을 고르게 된다. 서점에 가거나 온라인 서점을 뒤적이다가 끌리는 책 제목이나 키워드를 발견할 때가 있다. 그 끌림에는 다 이유가 있다. 지금 내게 가장 필요한 책인 것이다. 그 책이 내가 지금 가지고 있는 문제나 감정을 내포하고 있기 때문에 제목만 보고도 끌림을 느낀다.

책을 고를 때도 아이의 시기에 맞게 책을 고를 수 있다. 나이별 시기를 말하는 것이 아니다. 아이의 감정과 느낌, 상황에 맞는 시기를 말한다. 내가 음악을 고르고 책을 고를 때의 마음과 같은 그런 시기 말이다.

책 1권으로 아이의 자존감을 올려라

그 시기라는 것이 장기적일 수도 있고 아주 단기적일 수도 있다. 장기적인 관점의 시기라면 아이가 자라온 환경이나 오랫동안 가져온 습관이나 정서에 관련된 것이다.

큰아이는 태어나서 3개월부터 부모와 떨어져 친할머니, 친할아버지 손에 자랐다. 18개월이 되어 집에 데리고 와서도 맞벌이하는 부모를 둔 탓에 어린이집과 베이비시터의 손에서 자랐다. 우리 부부에게는 항상 아픈 손가락이었다. 그에 비해 둘째는 태어나면서부터 엄마 품에서 자랐고 역시나 맞벌이였지만 외할머니, 외할아버지가 한집에 살았기 때문에 남의 손에서 자라지 않았다.

우리 부부는 큰아이를 조금 더 위해주고 동생이 형을 무시하거나 대들지 못하도록 가르쳤다. 형제간에는 서열이 분명하게 있어야 한다고 생각했기 때문에 더더욱 큰아이의 편을 들 때가 많았다. 그래서인지 작은아이는 형보다 무엇이든 더 잘하려고 애썼다. 형보다 잘하고 돋보여야만 칭찬을 들을 수 있었기 때문이다. 지금 와서 생각해보면 그 칭찬도 형제간 서열 눈치를 보느라 제대로 해주지 못했다.

집에서는 무엇이든 잘하고 씩씩해 보이던 아이였다. 그런데 밖에 나가면 언제나 뒷걸음질 치고 선뜻 앞에 나서지 못했다. 쑥스러움을 많이 탔다. 유치원에서 상담을 하는데 선생님은 모든 것이 바르고 모범적이라고 했다. 하지만 자존감이 떨어지는 것 같다고 했다. 혹시 집에서 많이 혼내는 것은 아니냐는 말을 들었다. 한 대 맞은 것 같은 충격이었다.

심부름을 많이 시켜주고 칭찬을 많이 해주라고 했다. 성취감을 느끼게 해줘서 자신감을 돋워주고 자존감을 세워주는 것이 좋겠다고 했다. 벌써 5살 겨울이 다가오고 있었다. 5년 동안 움츠려 있던 아이의 자존감을 세워줘야 할 시기가 왔다.

마침 아이의 유치원에서 산타가 줄 선물로 책 2권을 준비해달라는 안내장이 왔다. 그래서 곰곰이 생각한 끝에 아이의 자존감에 관련된 책을 찾기 시작했다. 좋은나무성품학교에서 나온 『세상에서 가장 소중한 나!』

라는 책을 발견했다. 그 책에 등장하는 아이는 의젓하게 유치원에도 가고, 친구들과 사이좋게 지낸다. 춤도 잘 추고 가족들의 사랑도 듬뿍 받으며 자란다.

이 책은 '책의 주인공'을 바로 내 아이로 만들 수 있는 책이었다. 아이의 초음파 사진을 붙이는 것부터 시작해서 손도장을 찍고 아이가 커가는 순간의 사진이나 아이의 가족, 친구의 사진을 붙여서 준비했다. 아이와 관련된 자료를 하나하나 찾으면서 내가 그동안 얼마나 소홀했는지를 느꼈다. 큰아이의 어릴 적 앨범이나 돌잔치 사진을 담은 책을 그렇게도 부럽게 봤던 둘째의 얼굴이 그제야 떠올랐다.

그렇게 1권의 책을 어렵게 완성해서 유치원에 보냈다. 인화해놓은 사진도 적고, 정리해놓은 초음파 사진이 어디 있는지 한참을 찾았기에 어렵게 만든 책이었다. 산타 잔치가 있었던 날, 아이는 산타 할아버지가 자기 책을 주었다며 너무 기뻐했다. 책을 한 장 한 장 넘기며 아이와 그때 있었던 일들과 기쁨을 이야기해주었다. 아이는 쑥스러운 듯한 표정을 지었지만 너무도 좋아했다.

그 뒤로는 큰아이의 눈치를 보지 않고 잘하는 것을 칭찬해주려고 노력했다. 칭찬해줄 때는 한글을 잘 읽어서, 엄마, 아빠의 전화번호를 잘 외워서가 아니라 작은 행동, 작은 습관에도 관심을 기울여주는 것으로 시작했다. 책을 읽어줄 때도 형의 책을 읽어주기 전에 작은아이가 골라온 책 2권을 먼저 읽어주는 것으로 아이가 소외되지 않도록 했다.

자존감이 떨어져 있다는 것을 발견한 그 시기에 적절한 대책을 세워야 했다. 남편과 낮 동안의 주 양육자인 할머니와도 의견을 나누고 조금씩 방법을 생각해냈다. 떨어진 자존감을 세워주는 일은 단기간에 할 수 있는 일이 아니다. 시간을 두고 지속해서 아이에게 관심을 가지고 지켜봐야 하는 일이다.

아이의 상황에 맞는 책을 고르자

또 다른 시기는 비 오는 날, 여행을 가는 날과 같이 딱 그날 일어나는 상황에 맞게 음악을 고르는 것과 같은 시기이다. 아이에게 큰소리를 내며 화낸 날, 아이가 친구와 싸워 속상한 날 같은 때다. 이런 날에는 그에 알맞은 책을 골라 아이에게 읽어주고 스스로 그날의 일을 생각하고 깨우치게 하는 것이 좋다.

퇴근 후, 집에 가면 작은아이는 조잘조잘 그날 있었던 일을 내게 이야기하느라 입이 쉴 틈 없다. 하지만 큰아이는 중요한 일이 아니면 묻기 전에는 먼저 말하지 않는다. 무슨 일이 있었는지 알지 못하고 넘어가는 경우가 많다. 그러다 보니 그 날의 일을 꼬치꼬치 묻게 된다. 아니면 친한 엄마를 통해 이야기를 전해 듣는 경우가 생기기도 한다. 누군가를 통해

들은 이야기를 토대로 꼬치꼬치 캐묻다 보니 아이는 더 깊은 이야기를 하기 싫어했다.

남자아이들은 어릴 때는 너무 활동적이고 시끄러워 걱정인데, 크면 클수록 집이 조용해진다더니 벌써 그런 기미가 보이는 것 같다. 아이와의 소통이 필요했다. 그즈음 열린 회사 바자회를 통해 위즈덤하우스에서 나온『어린이 자기 계발 동화』30권 세트를 구매했다. 싼 가격에 책도 사고 불우이웃도 돕는다니 일석이조였다.

그렇게 우연히 들여온 전집을 하나씩 훑어 봤다. 책에 글이 많고 제법 두꺼워서 조금 더 있다가 읽히려다『어린이를 위한 청소부 밥』이라는 책을 만났다. 한 10년 전 내가 읽은 적이 있는『청소부 밥』을 어린이를 위한 내용으로 각색한 것이었다. 아이와 읽어보기로 했다. 평균 10편 정도로 나뉜 두꺼운 책을 하루 1편씩 짧게 읽어나갔다.

학교생활을 다루고 있는 내용이라 길어도 어렵지는 않았다. 아이가 공감할 수 있는 친구 사이에서의 일이나 선생님, 동네 사람들과의 이야기로 채워져 있었다. 지금까지도『어린이를 위한 배려』,『어린이를 위한 끈기』,『어린이를 위한 책임감』등과 같은 제목과 내용으로 이루어진 책을 조금씩 읽어나가고 있다. 책을 읽으며 아이의 학교에서 있었던 일이나 그때 느낀 감정에 공감할 수 있었다.

아이 또한 책을 읽으면서 직접적으로 이야기하지 못했던 이야기를 책을 매개로 해서 간접적으로 전하기도 한다. 어제 있었던 일을 오늘 이야기할 수 있게 되니 부연 설명 없이 대화가 되기 시작했다. 학교에 입학하고, 자기만의 세계가 생기고, 부모와의 대화가 단절되기 시작하는 이 시기에 타이밍 적절한 전집을 들이게 되어 무척 든든하다.

나이나 수준에 알맞은 책을 읽히는 것도 중요하지만 아이에게 필요한 시기에 적절한 책을 골라 읽히는 것도 중요하다. 인생은 타이밍이다. 지나간 시간은 되돌리기 어렵다. 아이의 마음을 읽고 알맞은 책을 찾아 읽혀라. 아이의 마음을 제대로 파악할 시기를 놓쳤다고 좌절할 필요는 없다. 서두를 필요도 없다. 오히려 조금 더 길게 보고 천천히 마음을 보듬어주는 책을 골라 읽어 나가면 된다.

★ 아이를 위한 책

『어린이를 위한 청소부 밥』

『청소부 밥』의 어린이판이다. 이기적이고 공부밖에 모르던 크리스가 청소부 밥 할아버지를 만나면서 6가지 지혜를 배우고 학교생활과 친구 관계를 개선해 나가는 이야기로 마지막에 할아버지의 죽음으로 더욱 큰 여운을 남기는 책이다.

★ 부모님을 위한 책

『기적의 한 줄 쓰기』

현직 초등학교 교사가 아이들과 함께 독후 활동으로 한 줄 독서 일기 쓰기를 한다. 딱 한 줄만 적게 함으로써 부담을 줄이고, 아이들이 스스로 책을 읽고 독후 활동을 할 수 있도록 장려한다. 물론 독서 습관을 들일 수 있는 다른 방법들도 다루고 있다.

04 부모부터 책을 가까이하고 읽어라

"저절로 책을 좋아하게 되는 아이는 거의 없다.
누군가는 아이를 매혹적인 이야기의 세계로 끌어들여야 한다.
누군가는 아이에게 그 길을 가르쳐주어야 한다."
– 오빌 프레스콧

맛있게 먹는 모습이 "나도!"를 부른다

밥상을 차려놓고 아이들을 부른다. 아이들은 식탁 앞에 앉아 반찬을 유심히 쳐다본다. 어떤 반찬이 내가 좋아하는 반찬이고 싫어하는 반찬인지를 쭉 스캔한다. 큰아이보다 편식이 심한 우리 둘째는 포크를 들고 식탁 위의 반찬을 보다가 한마디 한다.

"엄마, 찍어 먹을 게 하나도 없네."

고기나 소시지 같은 육류가 없다는 소리다. 자기가 좋아하는 반찬을 포크로 찍어서 먹어야 하는데 나물이나 채소가 주를 이루는 식탁 위의 반찬이 탐탁지 않다. 이런 날은 보리차를 달라고 하고는 거기에 밥을 말아 후루룩 마시기 일쑤다. 아니면 당장 계란 프라이라도 해달라고 조른다. 아이는 좋아하는 반찬이 없을 때 노른자가 터지지 않은 계란 프라이에 간장과 참기름, 깨소금을 넣고 밥을 비벼 먹었다.

이랬던 아이가 지금은 비빔밥을 먹는다. 어떤 때는 매일 비빔밥을 해달라고 해서 갖가지 채소가 떨어지지 않게 채를 썰어 냉장고에 준비해둔 적도 있다. 어떻게 된 일일까?

우리 집에서는 대부분의 식사를 친정엄마가 차려주신다. 식탁에는 언제나 나물 반찬이 풍성하다. 어떤 날은 남은 나물도 처리할 겸 양푼에 밥과 참기름, 고추장을 넣고 된장찌개를 조금 넣어 비빔밥을 해 먹는다. 친정엄마와 나는 양푼을 가운데에 놓고 비빔밥을 한 숟가락 가득 떠서 아주 맛있게 먹는다.

그 모습을 지켜보던 큰아이가 자기도 먹어보겠다고 덤볐다. 한 번 먹어보더니 맛있게 먹는 형을 보고 있던 둘째도 살짝 군침이 도는 말투로 한입 먹어보겠다고 달려들었다. 그렇게 비빔밥을 처음 맛본 둘째는 조금 매울 텐데도 된장찌개 바닥까지 닥닥 긁어 뚝딱 해치웠다. 그리곤 다음 날부터 비빔밥을 해달라고 성화를 부리는 통에 친정엄마는 새로 나물 반찬을 몇 가지 준비했다. 매워하면서도 꼭 고추장과 참기름이 들어가야 한다고 한다. 그렇게 아이들은 비빔밥을 좋아하게 되었다.

책을 즐기는 부모 밑에 책을 즐기는 아이가 있다

책을 좋아하게 만드는 것도 이와 같다. 비빔밥을 맛있게 먹는 부모를 보며 자란 아이는 비빔밥에 군침을 삼킬 수밖에 없다. 이처럼 책을 즐길 줄 아는 부모 밑의 아이여야 책을 즐길 수 있는 것이다. 처음엔 재미있는 몇 가지 소재의 책에만 관심을 가질 수 있다. 하지만 부모와 함께 여러 종류의 책을 즐겨본 아이라면 편식 없이 책을 대할 수 있게 된다. 여러 나물에 고추장, 참기름까지 섞어 먹을 수 있는 것처럼 말이다.

내가 이 책을 쓰기 시작하면서부터 한 가지 발견한 사실이 있다. 그것은 자신의 책을 엄마가 읽고 있으면 무조건 관심을 가지고 다시 읽어보려 한다는 것이다. 책을 쓰면서 아이와 감명 깊게 읽었거나 사연이 깃든 책들을 책상에 펼쳐놓고 다시금 곱씹으며 읽는 일이 많아졌다. 그렇게 아이들의 책을 펼쳐서 읽거나 그와 관련된 내용을 글로 쓰고 있으면 꼭 아이들은 그 책을 다시 들여다본다.

"엄마, 이 책은 왜? 이 책에 나오는 사람도 책벌레였는데. 이것도 책에 쓰려고?"

내 주위를 맴돌다가 책을 뒤적뒤적 다시 펼쳐보다가 이내 책 속에 빠져버린다. 가끔은 내가 약간의 기억만을 가지고 힌트를 주듯 이야기하면 곧 그 책을 찾아 꺼내온다. 엄마보다 기억력이 한참 좋은 아이들이다. 그리곤 또 그 책 속에 빠져든다.

책을 좋아하는 아이로 키우는 일은 쉽다. 부모가 조금만 책에 관심을 가지면 된다. 특히 아이의 책을 관심 갖고 읽으면 그 효과는 훨씬 크다. 아이들은 자신이 가지고 놀지 않던 장난감도 다른 친구가 와서 건들면 꼭 가만두는 법이 없다. 자신의 것이라고 빼앗아 놀고 싶어 한다. 가끔 씽씽이를 들고 놀이터에 나갔다가 그네 타는 것에 집중한다. 그러다가도 다른 친구가 자기 씽씽이에 관심을 가지면 타고 있던 그네도 던지고 자기 씽씽이를 구하러 온다. 이것이 아이들의 습성이다.

책도 마찬가지이다. 자신의 책 또는 부모와 함께 읽었던 책을 다시금 꺼내 보고 있으면 방금 전 그 책을 읽고 싶다고 생각하고 있었던 것처럼 반가워한다. 그런 아이의 습성을 십분 이용해본다면 자신도 모르게 책을 좋아하는 아이가 되어 있을 것이다.

어린 왕자가 우리 모자에게 준 영향

큰아이가 초등학교 2학년이 되고 얼마 지나지 않았던 때의 이야기다. 우연한 계기로 아이에게 『어린 왕자』를 읽어주게 되었다. 책을 읽어주다

보니 초등학교 2학년에게는 너무 어려운 책이겠구나 싶었다. 하지만 나는 읽으면서 깨달은 바가 많았다. '이전에 읽었던 책이 맞나?' 싶은 생각이 들 정도로 특별한 의미로 다가왔다.

며칠에 걸쳐 책을 읽어주었지만 아이가 느끼는 바는 나와 달랐을 것으로 생각한다. 사실 너무 어려운 책이라는 생각이 들어 추가로 아이에게 책에 관한 이야기를 해주지 않았다. 그 뒤로부터 몇 달이 지난 어느 날, 인터넷 서점을 살펴보다가 몽블랑 에디션으로 나온 어린 왕자가 눈에 띄었다. 같은 표지 디자인의 양장 노트를 1권 사은품으로 준다기에 덥석 주문을 했다.

언젠가 한 번은 필사를 하고 싶다고 생각했는데 같은 노트를 1권 준다니 지금이다 싶었다. 『어린 왕자』를 내 손으로 필사해서 아이가 그 책의 내용을 이해할 때쯤 선물로 주고 싶었다. 그런데 문제가 있었다. 나는 악필 중의 악필이었다. 편지 쓰는 걸 그토록 좋아하지만, 내가 화가 나서 쓴 편지를 받은 남편은 이렇게 말했다.

"얼마나 화가 났는지는 알겠어. 그런데 어째서 화가 났는지는 도무지 모르겠다."

화가 묻어나는 내 글씨체를 보고는 얼마나 화가 났는지는 알겠지만 읽을 수 없는 글씨로 인해 내용은 모르겠다는 말이다. 그만큼이나 악필인 내가 필사를 한다니, 엄두도 못 낼 일이다. 그래서 책 1권을 같이 주문했다. 바로 『나도 손글씨 잘 쓰면 소원이 없겠네』라는 책이다. 제목만으로도 내 눈길을 사로잡았다. 한 달 동안 그 책을 보고 따라 쓰면 글씨가 예뻐진다고 한다.

나를 닮았는지 우리 큰아이도 악필이다. 아직 글씨체가 완성될 나이는 아니기에 글씨를 바르게 쓰라고 잔소리 아닌 잔소리를 한다. 어느 날엔 아이가 탄식하며 이마에 손을 짚었다.

"아이고야, 엄마는 나보고 글씨 좀 잘 쓰라고 하면서 엄마 글씨는 이게 뭐예요?"

침대 옆에 둔 내 수첩을 들춰보던 아이가 던지는 한마디에 어찌나 찔리던지!

나는 지금부터라도 글씨 쓰기를 바로 잡아야겠다고 생각하고 있었다. 그런 찰나에 발견한 책이니 반가울 수밖에 없었다. 아이에게 책 읽는 모습을 많이 보여주고 책을 좋아하는 아이로 키우는 것처럼 나의 글씨에도 노력한 흔적을 씌워보려고 한다.

바르지는 않아도 엄마가 정성 들여 쓴 『어린 왕자』를 손에 들고 읽는 아이를 상상해본다. '초등학교 2학년 때 엄마가 읽어줬던 그 내용이 이 내용이었던가?' 하며 아이도 다른 깨달음을 느끼는 날을 떠올려본다.

내 아이의 미래가 나의 책 읽기에서부터 시작된다고 생각해보라.
조금 더 노력하겠다는 의지가 생길 것이다.

나는 아이와 함께 다시금 읽은 『어린 왕자』로 인해 다른 세상에 눈을 뜬 느낌을 받았다. 그리고 필사를 해야겠다고 생각했다. 그러기 위해서 글씨를 재정비해야겠다는 생각에 실천까지 하였다. 이런 나의 책에 대한 집착은 우리 아이에게 좋은 영향을 줄 것이라고 믿는다.

　주변의 지인들을 살펴보면 책을 좋아하는 아이는 아이의 부모도 책 읽기를 좋아한다. 우리 집에 놀러와서 책을 빌려 갈 때도 아이 책뿐만 아니라 자신의 책도 빌려간다. 그리고 얼마 되지 않아 다 읽었다고 돌려준다. 그런 부모의 아이는 무조건 책을 좋아하게 되어 있다.

　의기양양하게 책을 빌려 가고 돌려주지 않는 사람도 있다. 한참이 지난 뒤에야 책을 돌려주더라도 다 읽은 것은 아닐 수도 있다. 그저 시간이 너무 흘러 미안한 마음에 돌려주기도 한다. 그런 집 아이는 다른 아이들이 얌전히 앉아 책에 빠져 있는데도 혼자 심심해하며 주위를 맴돈다. 아직 책을 읽을 준비가 되지 않은 것이다.

　누구나 자기 아이가 책을 좋아하는 아이로 크기를 바란다. 하지만 아이에게만 책 읽기를 강요하고 정작 부모는 텔레비전에 빠져 있는 경우도 허다하다. 이런 경우에는 부모도 책을 읽는 습관을 갖고 있지 않다. 당연히 처음부터 책 읽기에 재미를 느끼는 것은 쉽지 않다. 아이와 같이 읽을 수 있는 수준의 책이라도 먼저 읽어보는 건 어떨까?

　내 아이의 미래가 나의 책 읽기에서부터 시작된다고 생각해보라. 조금 더 노력하겠다는 의지가 생길 것이다.

★ 아이를 위한 책

『너도 보이니?』

동화 속 세계의 그림에서 숨은그림찾기를 할 수 있게 구성되어 있다. 책을 싫어하는 아이에게 책으로 접근할 수 있는 계기가 될 수 있다. 또한 집중력 향상에 도움이 된다.

★ 부모님을 위한 책

『초등 독서 바이블』

책 제목처럼 초등 독서를 위한 바이블이다. 왜 독서가 중요한지부터 독후 활동에 이르기까지 부모들의 고민거리에 대한 해결법이 제시되어 있다.

05 책 읽어주기를 일상으로 만들어라

'해야 하는데'라는 부담은 하면 없어진다

자녀 교육에 관심이 높든 없든, 부모라면 누구나 '책 읽기'가 아이에게 중요하다는 사실을 안다. 책 읽기는 인지 발달에 도움을 줄 뿐 아니라 자신의 삶을 주체적으로 살아갈 수 있도록 돕는 내면의 힘을 키워준다. 인성과 사회성을 발달시킨다. 책으로부터 지혜와 지식을 배울 수 있다. 이렇게 독서는 아이의 인생에서 중요한 역할을 한다. 그래서 부모들은 아이에게 책 읽기를 강요한다. 그러나 정작 본인은 책을 멀리한다. '내가 책 읽는 모습을 보여줘야 하는데······.'라는 마음의 짐을 항상 지고서 말이다. 이제 그 마음의 짐을 덜어내고 아이에게 책을 읽어주자. 언제 어디서든 아이가 원하든 원하지 않든 책을 읽어줘라. 엄마의 책 읽기가 일상이 되게 하자. 책 읽어주기보다 더 아이와 책을 친해질 수 있게 하는 방법은 없다.

아이들이 책을 읽을 수 있는 시간이 점점 줄어든다. 초등학교에 들어가고 학년이 올라갈수록 독서가 얼마나 중요한지에 대해서는 누구나 알게 된다. 하지만 여전히 책은 시간 날 때 읽는 것이고 그래서 책 읽을 시간이 없다고 하소연한다. 그럴수록 책 읽어주기에 집중하는 것이 좋다.

책 읽어주기의 시작은 잠자리 독서부터

큰아이가 18개월일 때 베이비시터가 저녁 시간을 아이와 보내주었다. 그렇게 한 달을 보냈을 즈음, 베이비시터는 아이와 함께 볼 수 있는 책이 있었으면 좋겠다고 했다. 그때 알았다. 우리 집에 아이에게 읽어줄 만한 책이 없다는 사실을 말이다. 아이를 어떻게 키워야 할지 고민이 되어 육아 관련 책을 많이 보았음에도 책을 읽어줘야 한다는 사실을 몰랐다. 번뜩 정신이 들어 그 주말에 바로 책방에 가서 아이 독서 첫걸음에 맞는 책을 2~3세트 샀다. 그렇게 아이에게 책 읽어주기가 시작되었다.

낮 시간을 아이와 함께 보낼 수 없었던 나는 저녁 시간 잠자리 독서부터 시작했다. 그 시기에 맞는 책은 5분이면 1권을 거뜬히 읽었다. 어느 정도 책 읽기가 익숙해지자 아이는 두세 권에 만족하지 않았다. 그러다 보니 1권을 읽고 나면 아이는 벌떡 일어나 1권을 또 꺼내오고, 다 읽고 나면 또 1권을 꺼내왔다. 잠자리에 들게 하려고 시작한 책 읽기는 끝이 없었다. 책을 읽어줄 때는 불을 켜야 했기에 아이는 잠 잘 생각을 안 했다. 책 읽기를 그만하고 불을 끄기 위해 아이와 씨름하는 일이 잦아졌다. 침대 머리맡에서 책을 읽어주면 스르르 잠이 드는 아이의 모습은 드라마에서나 가능한 것이었다.

그때 시도한 다른 한 방법이 있다. 바로 오디오북이다. 동화책을 사면 동화책을 읽어주는 CD가 들어 있다. 요즘은 음악이나 오디오북을 들을 수 있는 어플리케이션을 통해서도 동화를 들을 수 있다. 엄마의 목소리는 아니지만 불을 끄고 아이와 책을 듣다 잠들 수 있었다. 항상 권장하는 것은 아니지만 부득이한 경우에는 오디오북을 활용하는 것도 나쁘지 않다. 나도 이 방법은 지금까지 사용하고 있다. 아이와 함께 책을 듣고 있으면 아이에게 책을 읽어주는 방법도 덤으로 배울 수 있다. 아이에게 책을 읽어줄 때 한결 자연스러운 연기자가 될 수 있다.

이동 시간, 책 읽어주기 시간으로 활용하자

또 한 가지 일상에서 책을 읽어주는 방법은 이동하는 차를 이용하는 방법이다. 남편을 육아에 대한 참여로 이끌고 의견을 공유하기 위해 남편에게 육아서를 읽어주기 시작했다. 내가 읽고 있던 책의 일부를 남편에게 들려주고 이야기를 나누곤 했다. 그런데 그 이야기를 뒤에 앉아 있는 아이가 더 흥미롭게 듣고 있다는 사실을 알았다. 그래서 남편에게 읽어주는 책을 육아서에서 아이와 부모가 함께 읽을 수 있는 책으로 바꿨다. 평소 잠자리에서 읽기에는 긴 책을 차 문에 끼워두고 이동할 때마다 읽어줬다. 이 방법은 아이에게도 좋았지만, 남편에게도 더할 나위 없이 좋았다. 책을 그다지 가까이 하지 않는 남편도 아이와 함께 책을 읽고 느낌을 공유할 수 있었다.

책을 읽어주는 것에 대해 큰 부담을 가지지 않아도 된다. 언제, 어떻게 읽어주는가도 중요하지 않다. 어디를 가든 책 1권만 가방에 들어 있으면 아이에게 책을 읽어줄 수 있다.

바쁘게 살아가는 요즘, 틈새 독서에 대한 책들이 많이 나온다. 어른에게만 해당하는 일이 아니다. 틈새를 이용해서 꾸준히 아이에게 책을 읽어주자. 어느 종류의 책이든 어떻겠는가? 엄마나 아빠의 목소리로 읽어주는 책은 동화책이든 소설책이든 육아서든 상관없다. 물론 책 내용은 부모가 아이의 수준에 맞게 선을 둬야겠다. 중요한 것은 어느 순간이든 책을 놓지 않는 것이다. 읽어주기만큼 아이와 책을 친해지게 만드는 단순하면서도 효과적인 방법이 또 있을까? 삼시 세끼 밥 먹듯 책 읽어주기가 일상이 되면 억지로 강요하지 않아도 스스로 책을 찾는 아이가 된다.

아이에게 책을 읽어주겠다고 단단히 마음먹는다. 그래서 아이를 무릎 위에 앉히고 책을 펼쳐 갖은 흉내를 내며 책을 읽어 준다. 처음에 아이는 책과 그림 그리고 엄마의 목소리에 귀를 기울인다. 하지만 몇 분 지나지 않아 아이는 엄마의 품을 빠져나와 다른 것에 관심을 갖는다. 이러면 엄마는 우리 애는 책을 몇 분도 가만히 앉아 읽지 않는다고 속상해하며 책 읽어주기를 멈춘다. 아이가 어릴 때는 단념하고 책을 덮어버리지만, 아이가 유치원이라도 다닐 나이라면 아이를 타박한다. "엄마가 책을 읽어주는데 가만히 있지 못하고 딴청을 피우니? 그렇게 하면 다시는 책을 읽어주지 않을 거야!" 엄포도 놓는다. 하지만 그럴 때도 속상해하지 말고, 읽던 책을 마저 소리 내어 읽어주자. 아이는 딴청을 피우는 것 같아도 엄마의 목소리를 계속 듣고 있다.

평소와 같은 주말, 아이들이 TV 앞에 앉아 만화를 보고 있었다. TV 속에 빠져들 만큼 집중하고 있었다. 우리 부부는 식탁에 앉아 남편이 주말에는 아무것도 하지 않는 것을 가지고 작은 다툼을 벌이고 있었다. 며칠 뒤에 할머니를 만난 우리 아이가 시어머니께 이렇게 말했다. "왜 엄마는 아빠가 가만히 있는 꼴을 못 봐?" 내 얼굴은 홍당무처럼 달아올랐다. 며칠 전 남편이 나에게 던진 말이었다.

　이런 경험은 한 번쯤 있을 것이다. 아이는 다른 곳에 관심을 두는 듯하다. 하지만 귀는 엄마의 목소리를 듣고 있다. 어른들은 아이가 장난감을 가지고 놀거나 TV에 빠져 있다고 생각한다. 그래서 지인의 험담을 하기도 한다. 그런데 아이가 다 듣고 있다가 나중에 지인 앞에서 툭 그 이야기를 던져버리는 경우도 있다.

　임신 4개월 정도가 되면 태아의 청각은 외부 소리에 반응할 정도가 된다고 한다. 그래서 아이의 임신 사실을 안 때부터 부모들은 엄마, 아빠의 목소리를 전달하려고 노력한다. 그만큼 아이의 청각주의력은 그 어떤 능력보다 발달되어 있다. 그러므로 아이가 딴청을 피운다고 책 읽어주기를 멈추지 말자. 타박도 하지 말자. 엄마가 책을 재밌게 읽어주다가 멈췄을 때 아이가 먼저 계속 읽어 달라고 하는 순간이 올 것이다.

　시간과 장소를 가리지 말고 책 읽어주기를 일상으로 만들자. 책 1권과 빛만 있다면 언제든 아이에게 책을 읽어줄 수 있다. 아이가 자라면 자랄수록 부모와의 소통 시간은 줄어든다. 그 시간을 소중히 생각하고 책 읽어주기를 아이와의 소통의 매개체로 쓰자. 책 읽어주기는 어떤 소통의 수단보다 값지다. 또한 아이에게 부모와의 좋은 기억을 심어줄 수 있다. 그 추억을 먹고 자란 아이는 책을 벗 삼아 인생을 살아갈 것이다. 이 아이에게 책은 큰 버팀목이 되지 않을까?

책 읽어주기는 어떤 소통의 수단보다 값지다.
책 읽어주는 부모와의 추억을 먹고 자란 아이는
책을 벗 삼아 인생을 살아갈 것이다.

★ 아이를 위한 책

『이상한 엄마』

『구름빵』으로 유명한 백희나 작가의 책이다. 워킹맘과 워킹맘을 둔 아이의 마음을 어루만지는 책이다. 일하는 엄마를 대신해서 아픈 '호호'를 돌보러 이상한 엄마가 집에 온 이야기다.

★ 부모님을 위한 책

『질문하고 대화하는 하브루타 독서법』

하브루타 독서법이 궁금하다면 이 책을 읽어보면 좋다. 아빠와 아이가 나누는 대화 형태로 사례를 들어 설명하고 있기 때문에 하브루타에 대한 이해가 쉽다.

06 독서 방해 요소를 눈앞에서 치워라

"안락과 풍요라는 목표에 다가갈수록
존재의 의미를 뒷받침하는 토대는 더 흔들린다.
역설적인 진실이다."
– 프란츠 알렉산더

책 말고 시간 보낼 것이 많은 우리 아이들

초등학교 다니던 시절, 자유시간이 생기면 무조건 밖으로 나가거나 TV 앞에 앉았다. 밖에 나가 친구들과 숨바꼭질, 하늘 땅, 얼음 땡 같은 놀이를 하면서 놀았다. 아니면 저녁 시간에 시리즈로 하는 만화를 TV로 시청하곤 했다. 동네 친구랑 놀거나 TV가 동네 친구를 대신했다.

요즘 아이들은 시간을 보낼 수 있는 자원이 아주 풍족하다. 온갖 장난감과 게임기, DVD, 스마트폰 등이 그것이다. TV에서 방영되는 애니메이션은 모두 장난감으로 연결되어 아이들을 현혹시킨다. 구하기 힘든 일명 레어rare 아이템은 새벽부터 장난감 가게 앞에 엄마들을 줄 서게 만든다. 혹은 일본이나 미국에서 미리 직구를 하기도 한다.

예전에는 오락실에서 게임을 하거나 좀 산다는 아이들의 집에서 TV에 연결된 게임기를 이용해 게임을 했다. 하지만 지금은 손에 가볍게 들 수 있는 온갖 종류의 게임기가 있다. 스마트폰이다. 어디서나 손쉽게 다운받아 게임을 할 수 있다. 어딜 가나 흔히 볼 수 있는 풍경이다.

하지만 예전이나 지금이나 책을 들고 자유 시간을 즐기는 아이는 찾기 힘들다. 책은 도서관에나 가야 읽는 것이고, 공부할 때나 보는 것이라는 인식이 지배적이다. 책으로 논다는 표현이 좀처럼 공감 가지 않는 것도 이런 이유 때문이다.

부모가 직접 아이 손에 쥐여 준 스마트폰

우리 집 아이도 스마트폰에 집착하는 경우가 있다. 대부분 게임을 하거나 유튜브 동영상을 보고 싶을 때이다. 식당에 가서 얌전히 있어야 할 때나, 순서를 기다려야 할 때면 어김없이 생떼를 부린다. 그러면 아빠는 경고를 여러 번 하다가 "얌전히 있으면 스마트폰 줄게."라고 협상을 한다. 아이는 이내 얌전해지고 곧 두 손에는 스마트폰이 쥐어진다. 아빠의 스마트폰 안에는 온갖 게임과 영상이 가득하다. 아이의 환심을 사기 위해 미리 다운받아 놓은 것이다. 그러다 보니 집에서도 아빠의 스마트폰은 아이의 손에 쥐어져 있다. 스마트폰 잠금장치를 푸는 것은 세네 살 아이에게도 어려운 일은 아니다.

아이가 스마트폰에 집착하는 게 스마트폰 때문일까?

아니다. 부모 때문이다. 아이에게 TV 등 영상물을 보여주지 않겠다고 집의 TV를 없앤다. 적어도 아이와 함께 있는 시간에는 TV 시청을 자제한다. 하지만 잘 생각해보면 아이와 함께 간 식당에서 아이들은 어김없이 스마트폰 속의 영상을 보고 있다. 밥 자체는 그냥 입으로 들어가지만 눈과 귀는 온통 스마트폰 속에 있다. 옆 사람에게 피해를 주지 않고 같이 간 부모도 편하게 밥을 먹으려면 어쩔 수 없다는 게 아이에게 스마트폰을 쥐여주는 이유다.

이렇게 얌전히 가만히 있어야 할 때, 아이는 무료하다. 그 시간을 부모가 나서서 스마트폰으로 채워주니 자유롭게 쓸 수 있는 시간에도 아이는 스마트폰을 찾게 되는 것이다. 어릴 때부터 든 습관이 초등학생이 되었다고 달라질까? 재미있는 습관을 버리는 것이 얼마나 어려운 일인지는 성인인 우리도 다 아는 바다.

또 한 가지, 우리를 돌아보자. 미세먼지가 많은 요즘 바깥 놀이가 마땅치 않은 날에는 키즈 카페를 찾게 된다. 동네 엄마들과 삼삼오오 모여 오는 날은 수다 삼매경에 빠진다. 하지만 혼자 또는 부모가 아이를 데리고 오는 날은 아이는 놀게 하고 모두 스마트폰만 보고 있다. 집에서 아이보고 숙제를 하라거나 학습지를 시켜놓고는 옆에서 무엇을 하고 있는가? 스마트폰을 손에 쥐고 끊임없이 메시지를 주고받거나 화면의 스크롤을 내린다.

아이와 함께하는 시간에는 잠시 스마트폰을 손에서 내려놓자. 식당을 갈 때는 작은 블록이나 색종이 등을 들고 가자. 아이는 블록과 종이만으로도 충분히 놀 수 있다. 아이와 순서를 기다려야 하는 경우는 작은 책을 가져가 읽으면 좋지만, 준비가 안 된 경우에는 끝말잇기나 색깔 찾기 놀이 등을 하는 것도 좋다. 간단한 놀이지만 아이는 무료한 시간에 조금이라도 생각을 하고 주변을 둘러볼 수 있는 기회를 얻게 된다.

세 살 버릇 여든까지 간다. 부모가 편해지자고 들인 습관은 아이가 커 가면서 날이 새도록 게임을 하거나 부모 몰래 영상을 찾아보다가 빠져드는 중독으로 갈지도 모른다. 스마트폰을 찾는 아이만 나무랄 것이 아니라 나를 돌아보자.

독후 활동 강요가 오히려 독서를 방해한다

아이의 독서를 방해하는 것은 비단 스마트폰이나 TV와 같은 매체만이 아니다. 어릴 적부터 책 읽기에 습관이 잘 든 아이들은 시간이 나면 자연스럽게 책을 찾는다. 어디서나 책을 찾아 읽는 아이를 보는 부모의 마음은 뿌듯하다. 우리 아이는 책을 많이 읽는다고 자랑하고 싶다. 나 또한 우리 아이의 독서 습관을 가장 큰 자랑거리로 여긴다. 하지만 과하면 안한 것만 못한 것이 독서 욕심이다.

아이가 초등학교에 가기 전까진 무조건 읽어주고 읽기에만 관심을 쏟아준다. 초등학교에 들어가고 학습에 신경 쓰이는 시기가 온다. 그러면서 단순한 책 읽기를 넘어 완벽한 독서를 하길 바란다. 여기서 생각하는 완벽한 독서란 단순 호기심으로 시작한 독서가 교육으로 연결되는 것을 말한다. 아이가 읽은 책의 내용을 아이에게 확인한다. 어떤 내용이 있었는지, 그 책을 통해 무엇을 배웠는지, 어떤 느낌이 들었는지 묻는다. 또한 책의 내용을 글로 쓰게 하는 등의 독후 활동이 이어진다.

초등학교에 들어간 지 1개월 쯤 되었을 때, 우리 아이는 책 읽기를 점점 멀리하고 있었다. 책을 읽어도 엄마가 없는 데서 숨어서 읽거나 읽은 책을 들키지 않으려 했다. 어떤 날은 내가 아이의 흥미를 끌 만한 책을 사와서 아이 앞에 놓았다. 책의 제목만으로도 눈을 번쩍 뜨던 아이는 책을 들었다가 다시 바닥에 놓았다. 그러면서 이렇게 말했다.

"엄마, 이거 읽으면 독서록 써야 해?"

그랬다. 아이는 독서록이 쓰기 싫었던 것이다. 아이의 담임 선생님은 하루 1권, 읽은 책의 제목과 쪽수, 읽은 시간을 짧게 독서 카드에 적게 했다. 나는 아이가 읽은 책을 들고 매일 저녁 아이에게 독서 카드를 쓰게 했다. 학교 숙제이니 어쩔 수 없었다. 아직 연필을 잡고 글씨 쓰기가 버거웠던 우리 아이는 그 짧은 카드를 적는 것도 엄청 싫어했다. 회사에서 돌아오면 독서 카드 하나 쓰는 것으로 아이와 씨름을 해야 했다. 아이가 책을 몰래 보거나 점점 멀리했던 이유가 이 독서 카드였다니…….

담임 선생님과 상담을 했다. 선생님은 아이들이 책을 얼마나 읽는지 알고자 짧은 독서 카드를 써서 가지고 오게 하신 거라고 했다. 그러니 독서 카드 쓰는 것에 부정적이라면 엄마가 써서 보내셔도 좋다고 했다. 다행히 선생님과 이야기가 잘되어 그 뒤로 우리 아이는 독서 카드를 쓰지 않아도 좋다고 했다. 다시 눈치 보지 않고 책을 읽게 되었다.

내가 조금만 더 욕심을 부리고 아이에게 독서록 쓰기를 강요했다면 여태 잘 쌓은 공든 탑을 무너뜨릴 뻔했다. 학년이 올라감에 따라 결국에는 독서록을 써야 하는 시간이 오겠지만, 조금씩 천천히 쓰는 것에 길들여질 수 있도록 해야 한다. 우리 아이는 요즘 한창 컴퓨터 자판을 배우는 것에 흥미를 느끼고 있다. 그래서 조금 기다렸다 손으로 쓰는 것이 아니라 컴퓨터에 남기도록 해보려 한다. 그 또한 아직 때가 안 되었다 생각되면 조금 더 기다려줄 것이다.

재미를 가르치기 위한 절제와 규칙의 중요성

아이가 읽은 책을 확인하고 감시하지 말자. 책을 교육하는 데에 필요한 필수 조건으로 생각하지 말자. 책은 재미있는 것이어야 한다. 그래야 평생 독서할 수 있는 힘을 기를 수 있다. 책 읽기를 가르쳐줘야 한다는 생각은 버리고 책 읽기 경험을 충분히 할 수 있도록 시간을 주자.

TV나 스마트폰을 제한하고 규칙을 정하자. 어느 정도는 스스로 시간을 정하고 지킬 수 있도록 도와주자. 그리고 어린아이일수록 TV나 스마트폰을 볼 때 아이와 함께 보는 것이 좋다. 책을 같이 보는 것처럼, TV나 아이가 좋아하는 스마트폰의 콘텐츠를 공유하고 소통하는 기회로 여기자. 아이 혼자 바보상자 속에 빠지게 두지는 말자는 것이다.

또한 지금은 인터넷으로 많은 정보를 구할 수 있는 세상이다. 하지만 인터넷을 훌륭한 도서관으로 정도로 여기면 안 된다. 궁금한 것을 찾아주고 좋은 정보만을 제공하는 것은 아니다. 언제나 중용을 지켜야 한다. 책 읽는 아이의 성장을 지켜보는 것이 아니라 성장할 수 있도록 도와주는 부모가 되어야 한다.

아이의 책 읽기를 방해하는 것들은 시대가 바뀌면서, 아이가 커가면서 훨씬 많아질 것이다. 아이와 소통하며 적절히 절제하며 책과 조화를 이룰 수 있도록 도와주는 것이 부모의 역할이다.

★ 아이를 위한 책

『이상한 손님』

백희나 작가의 책이다. 비 오는 날 남매를 찾아온 '천달록'. 달록이를 집에 돌려보내는 과정 중 일어나는 재미있는 이야기를 다룬 책이다. 동생의 소중함을 알게 하는 책이다.

★ 부모님을 위한 책

『어린이를 위한 독서하브루타』

몇 권의 책을 예시로 아이에게 하브루타에 대해 설명하는 형태로 되어 있다. 아이가 함께 읽어도 좋은 책이다. 예시로 들어 있는 책들도 아이와 함께 읽기 좋아서 마음에 드는 책을 사서 책에서 설명하고 있는 하브루타를 해보는 것도 좋겠다.

07 책과 친해지는 분위기에 노출시켜라

"책이 없는 집은 창이 없는 방과 같다.
누구도 책으로 둘러싸이지 않은 곳에서 아이를 키울 권리는 없다."
– 하인리히 만

책이 많다고 해서 책 읽는 환경일까?

아이가 자라는 환경이 얼마나 아이의 성장에 영향을 미치는지에 대해서는 많은 연구 결과가 있다. 일일이 거론하지 않더라도 이 책을 읽고 있는 부모라면 어느 정도 인지하고 있을 것이라 생각한다.

아이를 음악가로 자라게 하려면 집안에 항상 음악이 흐르고, 달변가로 자라게 하고 싶으면 집안 분위기는 토론을 기본으로 삼아야 한다. 공부를 잘하게 하려면 공부방을 만들고 아이에게 알맞은 책상과 의자, 조명을 선택한다. 벽지까지도 푸른빛이 도는 것으로 바꾼다.

책 읽기를 즐기고 책과 친해지게 하기 위해서는 책이 있는 환경에 노출되어야 한다. 그래서 아이가 어느 정도 크면 집안에 책장을 들이고 벽면 가득 책으로 채워 넣는다. 거실에 넓은 탁자를 들이고 TV와 소파도 없앤다. 아이에게 책을 읽히고자 하는 부모의 마음이 십분 발휘된다. 하지만 그 장소에서 책을 읽는 시간은 얼마나 될까?

준비된 서재형 거실은 책을 읽는 곳이 아닌 공부하고 과제를 하는 공간으로 더 많이 쓰인다. 책을 읽는 시간은 계획된 공부와 과제가 다 끝난 다음이다. 책을 읽히고 싶었던 마음보다는 결국 공부 습관을 들이고 싶었던 속내가 표출되는 것이다.

책 읽는 모습이 일상인 환경을 만들어라

책은 학교나 도서관에서 읽어야 한다는 인식이 있다. 책을 일상 속의 활동으로 생각하지 않고 교육이나 공부에 개한 개념으로 생각하고 있는 탓이다. 그러다 보니 집안 곳곳 책을 꽂아두고도 선뜻 책으로 손길이 가지 않는 것은 당연지사다. 집안을 책이 많은 환경으로 꾸몄다고 책 읽는 환경이 된 걸까?

앞서 말한 것과 같이 음악가의 집에는 음악이 흐르고, 달변가의 집에는 토론의 장이 열리듯이 가족 모두가 함께 환경을 만들어야 한다. 책 읽는 환경은 그럼 무엇일까? 가족이 함께 책을 읽는 모습이 연출되는 집이 책 읽는 환경이다. 책이 많은 환경에 노출되는 것도 물론 중요하다. 하지만 더 중요한 것은 책을 읽는 모습을 많이 보는 것이다.

SBS 〈영재발굴단〉 '아빠의 비밀' 편에 소개되었던 이상화 씨는 아들과 함께 집 근처 도서관에 갔다. 특이한 점은 도서관에 가서 책을 읽거나 공부를 하고 오지 않았다는 것이다. 아이와 도서관 앞에서 배드민턴을 치거나 도서관 식당에서 라면을 먹고는 열람실 한 바퀴를 순회한 뒤 집으로 돌아갔다. 이유를 물으니 형, 누나들이 공부하는 모습을 보는 것만으로도 충분히 동기부여가 된다는 것이었다.

주기적으로 아이와 함께 책장을 정리해라

아이가 책 읽기를 바라는 것만으로 아이는 절대 책을 읽지 않는다. 책 읽는 모습에 노출이 되면 아이의 책 읽기는 자연스럽게 따라온다. 집에 아이의 책을 들여오면 엄마인 내가 가장 먼저 아이의 책을 읽어본다. 전집일 경우에는 박스에서 한 권 한 권 꺼내 쭉 훑어보게 된다. 이 과정을 지켜보던 아이들은 책 박스 앞으로 몰려와서 관심을 갖고 똑같이 행동한다. 책을 펼쳐보고 읽다가 책꽂이에 꽂는다. 흥미가 생긴 책은 그 자리에서 다 읽어버린다. 도착한 책을 전부 꽂는 시간이 아주 오래 걸린다.

보통 주문한 책이 집에 오면 어떻게 하는가? 아이가 달려드는 것이 거추장스러워 아이가 유치원에 간 틈을 타서 책을 싹 정리해 둘 것이다. 그러면 아이는 집에 돌아와서 예쁘게 정리된 책장을 보게 된다. 책꽂이에 꽂힌 책은 세로면만 보인다. 제목과 출판사만 적혀 있다. 흥미가 생기지 않는다. 거금을 주고 책을 샀다면 아이와 함께 책을 정리해라. 표지는 시각적으로 자극이 된다. 그러면 책은 더 이상 벽면을 채우는 장식품이 아니게 된다.

미처 못보던 책을 다시 발견하는 기회가 생긴다

또 한 가지 제안을 한다면 주기적으로 책의 진열 순서를 바꾸는 것이다. 책을 다 꺼내놓고 위, 아래, 좌, 우의 책 위치를 바꾸는 것이다. 이때도 아이와 함께 하는 것이 좋다. 그러면 아이는 미처 발견하지 못했던 책을 발견할 수 있는 기회를 갖게 된다. 가끔은 어릴 적에 아주 많이 읽었던 침 묻고 때 묻은 책을 발견하고 추억에 잠길 수도 있다.

이렇게 주기적으로 책의 위치를 바꾸는데도 아이가 찾지 않는 책은 과감히 처분한다. 그 자리는 새로운 책으로 채워주는 것이 좋다. 아이는 자라면서 관심 분야가 달라지고 또한 아이의 수준도 자라기 때문이다. 손이 안 가는 책은 버리고 그 자리를 다른 새 책으로 채워줘라. 어른도 매일 똑같은 옷만 입으라고 하면 지겹다. 계절에 따라 작년에 입었던 옷도 정리하고 내 몸에 맞게 새 옷도 장만하듯 책도 마찬가지다.

책장의 빈자리가 거슬린다면 홈 쇼핑 광고나 인터넷 서핑을 통한 도서 구매가 아니라 아이와 함께 도서관이나 서점을 가자. 도서관에 가면 양질의 많은 책이 있고 책을 읽는 풍경을 자연스럽게 느낄 수 있다. 아무리 산만한 아이라도 도서관에 가면 그 산만함이 누그러든다. 자신이 원하는 책을 가져다 읽고, 또 가져다 읽으면서 책과 노는 법을 터득한다.

아이에게 책을 직접 고르게 하라

아이가 관심을 갖고 읽는 책이 무엇인지 눈여겨보자. 그리고 도서관이 아닌 서점으로 향하자. 도서관은 책을 읽는 환경을 보여주고 느끼게 해주지만 서점은 그것을 자기 것으로 만들게 한다. 서점에 가서 아이가 원하는 책을 읽어보고 집에 가져오라. 자기 것이 된 책에는 더욱 애착을 느낀다. 특히 자신이 고른 것이면 더욱 그렇다.

빈 책장 한 편을 전집이 아닌 아이가 고른 책들로 채워주면, 가지런하지는 않지만 아이의 개성이 담긴 책장이 된다. 각종 크기와 색을 가진 책들이 꽂혀 있는 책장도 그리 지저분해 보이지 않는다. 아이가 가지고 놀던 변신 로봇을 모두 자동차로 만들어 진열해놓아도 금세 합체되거나 흩어진 채로 나뒹군다. 책도 이 변신 로봇처럼 아이의 손에서 펼쳐지고 바닥에 널브러진다면 무얼 더 바라겠는가!

아이의 손을 거쳐 지저분해진 책을 보고 나무랄 사람은 없을 것이다.

참, 여전히 고리타분한 생각으로 책은 아껴서 소중히 봐야 하는 것이라고 가르치고 있는가? 아이가 스스로 책을 읽는 습관이 들 때까지는 참아주길 바란다. 요즘 출간되는 독서법에 관련된 책들을 보면 성인들에게도 책을 읽으며 줄을 긋고 여백에 자신의 생각을 기입하라고 한다. 자신의 것으로 만들라는 것이다. 아이도 책에 흔적을 남길 수 있게 도와주자.

책을 읽고 싶은 분위기의 집을 만들자

서점에 가면 아이의 책만 고르고 관심을 가지는 것이 아니라 내 책도 골라서 사오는 것이 좋다. 매번 아이의 책만 골라오거나 아이의 책만 읽는다면 어른이 된 후에는 책은 읽지 않아도 되는 것으로 인식한다. 아이들이 빨리 어른이 되고 싶어 하는 이유 중에 가장 큰 이유는 공부를 하지 않아도 된다는 것이다.

어른이 되고도 공부의 연속인 것을 왜 모를까? 아이 앞에서 공부하는 모습을 보여주지 않았기 때문이다. 보고 싶은 TV나 영화를 보고, 하고 싶은 게임을 하는 부모를 보면서 어른이 되는 꿈을 꾼다. 책 읽는 모습도 마찬가지다. 책 1권 없는 부모의 책장을 바라보며 아이가 무엇을 생각하겠는가? 어른이 되면 책을 읽지 않아도 된다는 것이다. 책은 평생 가져가야 할 인생의 지침이다. 어른이 되었다고 책을 외면하는 사람은 삶에 문제가 생겼을 때 의지할 곳이 사라진다.

문제가 닥쳐서 힘든데 어디 물을 곳이 하나도 없었던 경험이 한번쯤은 있을 것이다. 그럴 때 쉽게 문제 해결법으로 접근할 수 있는 방법은 책이다. 그러니 나를 위한 책도 구입하고, 읽고, 꽂아두자. 결국 나를 위한 일이 아이를 위한 일이 될 수 있다.

다른 집을 가보면 그 집의 분위기가 보인다. 어떤 집은 가만히 앉아 차를 마시거나 책을 마시면 좋을 것 같은 분위기이다. 또 어떤 집은 애들이 가서 좀 어지르고 놀아도 마음이 무겁지 않다. 집에 들어가자마자 소파에 딜렁 누워 손에 잡히는 리모콘으로 TV를 켜고 싶은 집에 살고 있지 않은가? 우리 집의 분위기를 한번 살펴보자.

어디를 다녀와도 집에 들어서면 아늑하고 차분해지는 집. 불을 켜면 가족이 모두 둘러 앉아 이야기를 나눌 수 있을 것 같은 넉넉한 크기의 테이블. 당장이라도 꺼내 보고 싶은 책들이 꽂혀 있는 넓은 책장과 적당한 밝기의 빛. 그리고 자연스럽게 책을 들고 테이블로 모여드는 가족들.

들어가자마자 우리 집은 '무엇을 하고 싶은 집'인지 확인해보자. 책 읽는 환경에 노출이 된다는 것은 집과 같이 편한 곳에 책을 읽을 수 있는 분위기가 있다는 것이다.

엄마가 되어
다시 책을 찾다

초보 엄마인 나는 큰아이를 키우며 많은 시행착오를 겪었다. 아이를 바라보면 막막했다. 아이를 낳고 우울한 나날의 연속 중에 아이가 요로 감염에 걸려 입원을 하게 되었다. 40일 된 아이의 손과 발에 바늘이 꽂혔다. 나에게 쏟아지는 시선이 힘들었다. 내가 잘못해서, 내가 아이를 힘들어해서 아이가 아픈 것이라는 생각에 스스로 자책했다. 그런 아이를 지방 시댁에 두고 올라와 복직을 했다. 매 주말마다 성남에서 대전을 오갔다. 아이가 18개월이 되어서야 집에 데리고 왔다. 주말부부였던 나는 주중에는 아이를 혼자 돌봐야 했다. 아이와 함께 출근하고 저녁엔 베이비시터가 퇴근할 때까지 아이를 봐주었다.

아이가 24개월 되던 때에 친정 부모님과 살림을 합쳤다. 몇 개월이 지난 후, 자다 일어난 아이는 집에 가겠다고 생떼를 부렸다. 자지러지게 울어댔다. 그때야 알았다. 아이는 아직도 친할머니 집을 자기 집으로 생각하고 있었던 것이다. 당황스러웠다. 그때야 정신이 번뜩 들었다. 나중에는 아이의 이상 행동을 발견했다. 계속 입을 벌렸다가 닫았다가 하는 것이다. 얼마 뒤 그 행동이 소아 틱이라는 것을 알게 되었다. 모든 것이 내 탓이었다. 2015년의 내 생일날, 얼마나 펑펑 울었는지 모른다.

"사람들이 모두 엄마 탓이라고 하겠지? 엄마가 애는 놓고 자기 일만 좋아서 저러고 다니더니 애 망쳐놨다고 하겠지?"

얼마나 서러웠던지, 세상에 내 편은 하나도 없고 나만 죄인이었다. 그렇게 집에도 들어가지 못하고 차 안에서 휴지 한 통을 다 쓰도록 울었다. 나 스스로 방법을 찾아야 했다. 그래서 책을 찾기 시작했다. 출근하는 지하철 안에서, 점심시간, 잠자기 전. 틈만 나면 책을 읽었다. 대부분이 아이 감정을 읽기 위한 육아서였다. 책은 많이 읽었지만 아이의 감정을 읽는 데는 서툴렀다. 학창시절 읽었던 소설만큼이나 많은 책을 사들이고 읽었다. 그것으로나마 아이를 잘 키우고 있다는 위안을 받고 싶었다. 그렇게 읽은 육아서가 100권은 넘을 거다.

3장

내 아이를 독서 천재로 만드는 7가지 비법

1. 아이의 수준에 맞는 책을 들여라.
2. 부모가 재미있게 책을 읽어줘라.
3. 책이 아닌 모든 것을 활용하라.

01 우리 집을 미니 도서관으로 만들어라

"책은 읽기 위한 것이지 장식해두기 위한 것은 아니다.
책은 존경심을 품고 다루어야 한다."
– 임마누엘

누구를 위한 '책 읽는 환경'인가?

아이가 초등학교에 들어갈 즈음이면 엄마들은 한 번쯤은 집안 분위기를 바꾸고 싶어 한다. 이제 놀이방을 공부방으로 만들고, 면학 분위기를 위해 거실의 TV를 치울 결심을 한다. 그러면서 대공사를 생각한다. 거실의 소파도 치우고, 책장을 들여 빼곡하게 책을 꽂을 궁리를 한다.

나 또한 마찬가지였다. 큰아이가 초등학교에 들어갈 무렵 우리 집은 비교적 낮은 여러 종류의 책장이 벽면을 빙 두르고 있었다. 큰아이와 작은아이 그리고 내 책까지 엉켜서 책장 위에는 누운 책이 쌓여갔다. 집의 분위기를 바꿔야 할 때가 왔다는 생각이 들었다. 바로 계획을 세우는 데 돌입했다.

나는 워킹맘이다. 아침 일찍 출근했다가 저녁 9시가 되어서야 집에 들어오는 일이 허다했다. 어떤 때는 주말에도 회사에 나갔다. 그러다 보니 아이들을 도서관에 데리고 가는 것은 무리였다. 책을 빌려오더라도 때맞춰 반납을 하기가 벅찼다. 빌려온 책과 집에 있는 책을 가려놓는 것도 힘들었다. 그래서 생각했다.

'집을 도서관으로 만들자!'

『엄마가 사랑하는 책벌레』라는 책이 있다. 그 책의 주인공 민호는 책을 무척이나 싫어한다. 그런 민호가 반에서 독서 반장을 맡게 된다. 그 사실을 안 엄마는 굉장히 기뻐한다. 이후 민호의 엄마는 거실에 있던 TV를 없애고 집을 작은 도서관으로 만든다. 집에서는 독서 교실을 열었고, 엄마는 동네 아이들에게 구연동화를 해준다. TV를 너무너무 사랑하는 민호는 갑자기 자신의 집에서 TV가 사라진 사실과 엄마의 모습이 너무너무 싫다. 그래서 책을 더욱 멀리하게 된다.

이 동화 속의 민호는 결국 책을 좋아하는 책벌레가 된다. 하지만 동화에서처럼 자신과 상의도 없이 갑자기 바뀌어버린 환경을 좋아할 아이는 없다. 집을 도서관으로 만들고 싶다면 아이와 충분히 상의해야 한다.

우리 집 미니 도서관, 아이와 함께 만들자

나는 집을 도서관으로 만들자는 계획을 아이들과 함께 세우고, 아이들과 함께 만들었다. 우선 책장과 넓은 탁자를 둘 공간을 정했다. 거실의 소파를 치우고 그 벽면에 책장을 두기로 했다. TV가 있는 거실 앞면은 TV의 양 옆으로 책장을 두고 TV는 치우지 않기로 했다. 우리 집 TV는 평상시에는 잘 켜지 않는다. 다만 아이들이 EBS 〈호기심 딱지〉를 볼 때, 주말마다 있는 자유 시간에 만화를 볼 때는 켠다. 특별히 아이들이 먼저 리모컨을 들어 TV를 켜는 경우가 거의 없기 때문에 TV는 그냥 두기로 했다. 대신 책장과 어울리는 예쁜 TV 받침대를 사기로 했다.

가구를 고를 때도 아이들과 함께 다녔다. 여러 가구점을 돌아다녔다. 그리곤 우리가 모두가 원하는 책장을 발견했다. 우리가 고른 책장은 조립식이었다. 조립 서비스를 따로 주문해도 됐지만 우리가 직접 조립하기로 했다. 책장이 배달된 날, 우리 가족은 모두 저녁 10시까지 책장을 조립했다. 나무판을 맞추고 아이들은 나사를 끼우고 남편은 전동 드릴로 나사를 고정했다.

나는 설명서를 보며 프레임과 선반이 들어갈 자리를 구상했다. 아이들은 자신들이 할 것이 없는지 찾아 다녔다. 책장의 개수가 꽤나 많았기 때문에 나사를 구멍에 맞춰 끼우는 일도 한참이었지만, 아이들은 힘든 내색 없이 즐거워했다. 다음 날 책장의 선반을 닦고 책을 꽂는 일도 아이들의 몫이었다.

아이들은 그동안 애지중지 봐오던 책을 자신의 눈높이에 맞게 하나씩 꽂아갔다. 5살이던 작은아이도 자기가 좋아하는 공룡 책을 책장 제일 아래에서 두 번째 칸 가운데에 꽂았다. 내 책은 아이들의 손이 닿기 어려운 제일 위쪽에 꽂았다.

자기가 만든 공간에 애착이 가는 건 당연하다

이렇게 손수 고르고 만든 책장에 스스로 책을 꽂고 아이들은 무척 만족스러워 했다. 책을 다 꽂고도 책꽂이 안쪽 공간은 넉넉했다. 아이들은 자기 애장품들을 방에서 가지고 나와 책장의 빈곳을 장식했다. 로봇 태권브이 피규어나 어린이집에서 만들어 가지고 온 클레이 장식, 미니카 등이다. 아이들은 이제 그 공간을 자기들이 만든 자신들의 전용 공간으로 생각하는 것 같았다.

집을 도서관으로 만들고 싶다면 아이와 함께 하자. 거창하게 책장을 새로 들이고 넓은 탁자를 놓지 않더라도 아이와 책의 위치를 바꾸는 일부터 함께 해보자. 어린아이일수록 특별히 집안에 아이가 좋아하는 공간이 있다. 그 공간에 작은 책장을 놓고 아이와 책을 꽂아보자. 그러면 아이는 더더욱 그 공간에 애착을 가질 것이고 스스로 책을 꺼내 읽는 효과는 덤이다. 서서히 그 공간을 아이와 함께 넓혀가면 된다.

우리만의 도서관을 자연스럽게 이용하자

도서관하면 어떤 이미지가 떠오르는가?

천장까지 닿을 듯이 길게 늘어선 책장과 수많은 책, 6명씩 앉을 수 있는 넓은 책상이 놓여 있는 곳. 번호표가 붙은 책을 바퀴 달린 선반에 싣고 꽂을 책의 제자리를 찾으러 다니는 봉사자. 책의 뒷면에 붙은 카드에 이름을 적고 책을 빌려오던 곳. 몇 년 전에 아이들과 함께 도서관을 가기 전까지, 나에게 도서관은 이런 이미지였다. 하지만 요즘 도서관은 단순히 책을 빌리고 읽는 장소가 아니다. 여러 가지 문화 활동이나 체험 활동도 할 수 있으며, 작가를 만날 기회도 생긴다.

특히 어린이 도서관에 가면 독서 체험 프로그램뿐 아니라 멀티미디어관이나 블록 체험관을 운영하기도 한다. 내가 좋아했던 퀴퀴한 책 냄새와 발소리도 미안한 조용한 도서관의 이미지를 벗은 지 오래다. 하지만 중요한 목적, 책을 모아두고 읽을 수 있도록 한다는 점은 변함없다. 여러 프로그램이 개설되어도 결국 책에 흥미를 갖게 하려는 목적을 가진다. 도서관이 가기 싫고 재미없는 곳이라면 몇 억을 들여 만든 도서관도 발

길이 끊긴다.

보통 아이가 있는 집은 거실에 미니 도서관을 만든다. 이렇게 만든 미니 도서관도 마찬가지이다. 집을 도서관으로 꾸며놓고 이용하지 않는다면 무용지물이다. 아이가 책에 흥미를 가질 수 있도록 해야 한다. 요즘 도서관은 우리가 학교 다닐 시절의 도서관에 비하면 훨씬 유연하다. 우리 집의 미니 도서관도 대형 도서관에 비하면 훨씬 자유롭고 개방적이다. 아이가 쉽게 책을 접할 수 있다는 말이다.

아이가 좋아하는 책을 몇 권 꺼내 편하게 앉자. 꼭 책장과 함께 사들인 탁자 앞 의자에 꼿꼿하게 앉을 필요는 없다. 바닥에 엎드려도 좋고 햇빛이 잘 드는 창가에 기대어 앉아도 좋다. 그리곤 아이와 함께 책을 읽자. 어떤 것을 묻거나 아이가 읽은 것을 확인하지 않아도 된다. 그냥 아이와 함께 도서관에 온 것으로 만족하자.

아이가 스스로 책을 읽을 수 있다면 엄마도 좋아하는 책을 그냥 옆에서 읽자. 아이가 잠깐 딴짓을 해도 좋다. 조금 기다리면 이내 아이는 또 다른 흥미로운 책을 찾아 들고 올 것이다.

"책 읽는데 돌아다니면 안 돼."

"딴짓 하면 안 돼."

"똑바로 앉아서 봐야지."

군이 이런 말을 할 필요는 없다. 우리 집 도서관은 누구에게도 방해받지 않는다. 그리고 그 어떤 누구도 방해하지 않는다. 우리가 만든 우리 소유의 도서관이다. 그저 책을 자연스럽게 즐길 수 있으면 된다.

우리 가족 맞춤 미니 도서관!

책을 읽는 장소로 가장 좋은 곳은 도서관이다. 책을 즐겨 읽지 않는 아이나 어른이라도 도서관에 가면 책에 손이 간다.

그런 도서관이 집에 있다면 얼마나 좋을까?

우리 집 도서관은 거창할 필요는 없다. 아이와 상의해서 책을 놓을 곳을 정하고 아이의 취향에 맞게 책을 꽂자. 그리고 책을 꾸준히 사서 채워주자. 하루에도 몇십 권씩 나오는 새로운 책들 중 아이의 취향이나 시기에 맞는 책을 골라 우리 집 미니 도서관을 채워가자.

도서관에서 빌려 온 책은 줄을 긋거나 여러 번 반복해서 읽기가 쉽지 않다. 아이에게 책을 소장할 수 있는 기회를 주는 것도 책 읽는 재미를 주는 데 한몫을 한다. 우리 집의 미니 도서관을 그런 책으로 채워가자. 도서관에서 책을 빌릴 때 읽은 책인지 표시하는 것처럼 읽은 책에 아이만의 표시를 하는 것도 아이에게 성취감을 느낄 수 있게 할 수 있다.

우리 집 미니 도서관은 우리 가족만의 고유하고 소중한 장소가 된다.

미니 도서관 만드는 법!

① 공간 설계부터 아이를 참여시키기

② 마음에 드는 책 고르게 하기

③ 직접 자기 눈높이에 맞게 정리하게 하기

④ 책과 좋아하는 장난감을 함께 두기

⑤ 편한 자세를 도울 소파, 이불 등을 준비하기

★ 아이를 위한 책

『엄마가 사랑하는 책벌레』

독서 반장이 된 것이 못마땅한 민호와 집을 미니 도서관으로 만든 엄마 사이의 수월하지 못한 관계를 풀어가는 이야기다. 책벌레가 된 민호에 대한 이야기로, 이 책은 아이와 엄마가 함께 읽어보면 좋겠다.

★ 부모님을 위한 책

『삼남매 독서 영재 육아법』

나이 차가 나는 삼 남매를 독서 육아를 통해 영재로 키운 이야기다. 아이의 발달 단계에 맞게 설명이 되어 있어 필요한 부분을 발췌하여 읽기 좋다. 삼 남매의 특성별로 독서 육아를 한 방법이 소개되어 있다.

02 아이의 읽기 수준에 맞는 책을 읽어줘라

나이 차 나는 형제의 수준에 맞는 책 읽기

"책 읽어줄게 자러 들어가자."

"난 재미없어. 긴 책은 머리 아파!"

우리 6살 둘째가 하는 이야기다. 9살 큰아이는 누가 봐도 책만 들고 사는 독서광이다. 큰아이가 초등학생이 되면서 그림보다 글이 많은 책을 읽기 시작했다. 그래서 잠자리 책으로 이야기가 길고 아이의 관심을 끌 수 있는 책을 골랐다. 책이 두껍다 보니 몇 번으로 나눠서 읽어야 했다. 그래서 작은아이가 읽어달라는 그림책 1권을 단숨에 읽고 큰아이의 책을 읽어주게 되었다. 그렇게 며칠이 지나자 작은아이는 뺀질뺀질하게 행동하면서 잠자리로 오지 않기 시작했다.

형제지만 완연히 다른 두 아이의 취향과 수준에 맞게 책을 읽어주기는 쉽지 않다. 더구나 큰아이가 초등학교에 들어가고 나서는 읽고자 하는 책의 글 양이 확연하게 차이가 났다. 큰아이에 맞추자니 작은아이가 힘들어하고, 작은아이에 맞추자니 큰아이가 너무 시시해했다. 대책이 필요했다. 일반적으로 육아 책이나 아이 독서에 관한 책을 보면 자주 등장하는 말이 있다. '피아제의 인지 발달론'이 그것이다. 피아제는 감각 운동기, 전 조작기, 구체적 조작기, 형식적 조작기와 같이 인지 발달 단계를 4단계로 나누었다.

감각 운동기는 1~2세로 감각 운동을 통해 외부 세계를 인식하고, 전 조작기는 2~5세로 상징적 사고를 하고 자기중심적인 사고를 한다. 구체적 조작기는 5세~11세로 논리적 조작을 통해 구체적 문제 해결을 하게 된다. 마지막으로 형식적 조작기는 11세~성인기로 추상적 상징을 사용한다. 즉, 인지 발달 면에서 아동이 어떻게 사고하는지, 시간의 흐름에 따른 사고의 변화에 초점을 두고 있다.

책을 읽는 것도 마찬가지다. 읽어주는 책이 아이의 발달 수준보다 높으면 책을 읽고 받아들이기가 힘들다. 따라서 책은 아이의 읽기 수준을 고려해서 골라주어야 한다.

나이 차이가 나는 두 아이의 책을 읽어줄 때 아빠가 함께 아이의 책을 읽어주는 것이 가장 좋은 방법이다. 아이 둘을 각각 엄마와 아빠가 나눠서 각 아이의 수준에 맞는 책을 읽어주는 것이다. 하지만 보통은 1명이 같은 시간에 두 아이의 책을 동시에 읽어줘야 하는 경우가 많다. 그래서 나는 아이들과 상의를 했다. 작은아이의 책은 짧고 금방 읽을 수 있으니 동생이 고른 책 두세 권을 먼저 읽어줬다. 그리곤 큰아이의 책을 읽어줬다. 그러면 작은아이는 불만 없이 형에게 책 읽어주는 소리를 듣다가 잠이 들었다. 자칫 아이의 수준을 무시하고 책 읽기를 강행한다면 책 읽기에 갖는 흥미 자체를 떨어뜨릴 수 있다.

글이 아닌 글자를 읽는 아이

우리 작은아이는 만 3살에 한글을 터득했다. 잠자리에서 책을 꾸준히 읽어주고 형의 한글 공부를 위해 벽에 한글로 된 자음, 모음 판을 붙여놓았을 뿐이다. 형보다 빨리 한글을 깨친 작은애는 혼자서도 엎드려서 띄엄띄엄 책을 읽곤 했다. 그런 아들을 너무 자랑하고 싶어 동영상에 담아 SNS에 올리기도 했다. 그리곤 만 3살에 맞지 않게 글이 많은 창작동화나 철학적인 내용이 담긴 동화를 형과 함께 읽어주었다.

아이는 엄마가 읽어주는 책을 좋아했고, 가끔은 혼자 내가 읽어줬던 책을 다시 꺼내 읽곤 했다. 하지만 아이가 책을 읽는 것이 아니라 글씨를 읽고 있다는 사실을 아는 데는 오래 걸리지 않았다. 만 3살의 아이는 글씨는 알지만 글은 읽지 못했다.

어느 날은 두 아이에게 '토끼가 껑충껑충 뛰어갔어요.'라고 쓰여 있는 책을 읽게 했다. 큰아이는 '토끼가 깡충깡충 뛰어갔어요.'라고 읽었다. 작은아이는 한 자 한 자를 손가락으로 짚으며 '토, 끼, 가, 껑, 충, 껑, 충, 뛰, 어, 갔, 어, 요.'라고 읽었다. 어떤가? 차이가 느껴지는가?

큰아이는 '껑충껑충'을 '깡충깡충'이라고 읽었지만 문맥상 아무런 거리낌이 없다. 큰아이는 또한 자연스럽게 다음 문장으로 이어서 읽어 갔다. 하지만 작은아이는 글의 뜻에는 전혀 관심이 없었다. 단지 글자 하나하나에만 신경을 쓰고 있었다. 그림에 토끼가 뛰고 있었음에도 그림보다는 글씨에 집착해서 읽었다. 그런 형편이니 책의 내용을 전혀 이해하지 못하고 책을 읽는 경우가 허다했다. 이건 내가 책을 읽어주는 경우에도 마찬가지였다.

그림책을 읽어주는 경우에도 그림보다는 엄마의 목소리를 따라 글씨에만 집중했다. 빠른 한글 익힘과 엄마의 욕심이 가지고 온 폐해였다. 글자에 집착할수록 아이의 상상력과 창의력은 떨어져갔다. 누가 봐도 자전거 바퀴로 보이는 그림을 보고도 자전거인 줄 알지 못했다. 자전거 바퀴에 놀라 논바닥으로 떨어졌다는 애벌레 이야기를 읽어주었는데도 말이다. 아이의 상상력을 문자가 가로막고 있다는 생각이 들었다.

나는 둘째 아이의 책을 그림책 위주의 책으로 수준을 낮췄다. 생각과 상상력을 발휘할 수 있는 책들로 골랐다. 글자로 생각을 전하는 것이 아닌 그림으로 생각이 전달되는 글자가 배제된 그림책이다. 노인경 그림의 『코끼리 아저씨와 100개의 물방울』이나 리틀씨엔톡에서 나온 툴리오 코르다의 『조금 남다른 개미』 같은 책이 그것이다.

어른이 읽어도 손색이 없을 만큼 단순한 그림으로 많은 생각을 하게 하는 책이다. 이것 또한 어른의 생각으로는 어려울 수 있는 책이다. 하지만 아이가 보고 느끼는 것은 어른과는 완전 달랐다. 그림책은 보고 또 볼수록 아이의 흥미를 자극했다. 볼 때마다 매번 다른 숨은 그림을 찾듯 다른 이야기를 만들어 내기도 했다.

『코끼리 아저씨와 100개의 물방울』은 겁이 많고 어리숙한 코끼리 아저씨 뚜띠가 등장한다. 100개의 물방울이 든 양동이를 머리에 이고 자전거를 탄다. 집에 기다리고 있는 아이들을 생각하며 두려움을 이기고 달린다. 그는 이 시대의 아빠를 대변한다. 하지만 5살의 아이의 눈에는 그냥 코끼리 아저씨의 실수투성인 행동과 어리숙한 표정이 마냥 재미있다.

『조금 남다른 개미』 속의 남들과 다르고 싶은 개미 '티나'는 자신과 똑같이 생긴 개미들 사이에서 튀는 행동을 한다. 혼자 노란 티셔츠를 입고, 멋진 스카프를 매고, 줄무늬 양말을 신는다. 여기에 남들과 똑같이 하려는 사회상과 계급을 나타내는 왕관 쓴 개미의 등장으로 사회를 풍자한 내용을 담고 있다. 하지만 이 또한 아이의 눈에는 까만 개미들 속에서 혼자 노란 옷을 입거나 독특한 모자를 쓰고 있는 티나의 행동이 우습기만 하다. 이런 책은 아이는 2번, 3번만 읽는 것이 아니라 10번이고 100번이고 읽는다. 읽는 것이 아니라 보면서 아이의 생각이 자라난다.

일부러 아이에게 코끼리 아저씨가 왜 그렇게 힘들게 달려가는지, 왜 티나가 혼자서만 튀는 행동을 하는지에 대해서는 물어볼 필요가 없다. 아이는 글이 아닌 그림만으로도 세상을 읽는 능력을 터득해 나간다.

부모의 욕심으로 아이의 읽기 수준을 무시하지 말자

문자 교육이나 수학 교육을 할 수 있는 시기는 만 6~12세라고 한다. 두정엽과 측두엽이 발달하는 시기이다. 이 경우가 되어야 문자로 이해하고 소통할 수 있는 시기가 된다. 만 3~6세는 전두엽이 발달하는 시기다. 전두엽은 주로 기억력과 사고력을 주관하고 인간의 종합적인 사고 기능과 인간성, 도덕성 등을 담당한다. 즉 이성적이고 합리적인 판단이 가능할 수 있을 정도로 발달하는 시기이다.

이 시기의 아이가 글을 잘 읽는다고 해서 글자 위주의 책을 읽히면 잘 이해하지 못한다. 게다가 이성적이고 합리적인 판단을 키우고 배울 수 있는 기회도 빼앗게 되는 것이다.

부모의 욕심으로 아이의 읽기 수준을 무시하지 말자. 그러려면 아이의 책 읽는 습관을 잘 관찰해야 한다. 아이가 버릇처럼 책을 펼치고만 있는 것인지 아니면, 머릿속으로 어떤 활동을 하고 있는지를 파악해야 한다. 그냥 무작정 잘 보고 있다고 아무 책이나 아이 앞에 던져두진 않았는가? 읽어주는 것에만 의미를 두고 아이의 수준을 무시한 채 마냥 읽어주고만 있지 않았는지 돌아보자.

★ 아이를 위한 책

『조금 남다른 개미』

모두 똑같은 개미 세상에서 튀고 싶은 개미 티나의 이야기이다. 약간은 권위적이고 남을 따라하는 세상을 풍자하지만, 티나의 행동은 아이의 웃음을 자아낸다.

★ 부모님을 위한 책

『매일매일 일어나는 독서의 기적』

아이와 책을 읽어야겠는데 방법은 모르겠고, 계획을 세워 책을 읽고 싶다면 이 책을 권한다. 하지만 빡빡하게 모든 것을 따라하는 것이 아니라, 필요에 맞게 골라 보면 좋을 것 같다.

03 아빠가 나서서 놀이하듯 읽어라

"한 사람의 아버지가 백 사람의 선생보다 낫다."
– G.허버트

아빠의 무모함이 아이와의 친밀함을 만든다

요즘 아빠가 하는 육아 관련 TV 프로그램이 많아지면서 아빠 육아에 대한 관심이 높아졌다. 하지만 여전히 아빠들은 육아에 서툴다. 아이가 돌이 될 즈음까지는 그런 것 같다. 하지만 조금만 관심을 가지면 아빠 육아에 힘이 실린다. 아빠와 아이의 친밀성은 3세 전에 결정된다고 한다. 이 시기를 놓치게 되면 높은 확률로 아빠는 가족에 흡수되지 못하고 겉돌게 된다.

아빠가 아이와 교감하는 시간을 갖는 것은 매우 중요하다. 아빠 육아를 실천하고 있는 아빠들에게 물어보면 아이와 할 수 있는 활동 중 가장 쉬운 것이 책 읽기라고 한다. 아빠가 읽어주는 책은 아이의 상상력과 오감을 자극한다. 우리 집의 경우에는 이렇다.

남자아이만 둘인 우리 집 아이들은 과학이나 쌓기 놀이에 관심이 많다. 아빠가 책을 읽어주겠다고 선심 쓰듯 이야기하는 주말이면 아이들은 그동안 실험해보고 싶었던 과학책을 들고 온다. 남자아이가 있는 집이라면 과학 실험과 관련된 책이 몇 권 있을 것이다.

어느 날은 아빠가 아이들을 데리고 밖으로 나갔다. 오래간만에 조용히 앉아서 커피 한 잔을 마시는데 밖이 시끌시끌했다. 내다보니 아빠와 아들 둘, 3명이 머리를 맞대고 바닥을 뚫어져라 보고 있었다. 개미라도 발견했나 싶었다. 그런데 아빠와 아이 둘 사이에서 연기가 피어오르고 있었다. 그리고는 아빠가 화들짝 놀라 바닥에서 발을 굴렀다. 알고 보니 문방구에서 돋보기와 검은 종이를 사 와서 태운 것이다. 그것도 모자라 햇빛을 모으는 법을 안 아이들은 돋보기 하나씩을 들고 바닥의 나뭇잎을 태우기 시작한 것이다. 나는 아파트에 불이라도 나면 어쩌려고 사리 분별 못하는 아이들에게 그런 걸 가르쳐주냐고 남편을 나무랐다.

이렇게 철없는 남편의 행동에 살짝 당황했다. 하지만 나는 항상 조심

하고 염려하느라 아이와 할 수 있는 많은 것을 포기해왔다. 그럴 때마다 아쉬웠던 나를 대변하는 아빠의 무모함이 약간 고맙기도 했다. 어디선가 농담으로 아동, 여성, 노인 심리학은 있는데 남성 심리학이 없는 이유는 아동 심리학과 같기 때문이라고 했다. 사실 여부는 확인하지 못했지만 고개가 끄덕여지는 데는 이유가 있다. 아빠와 아이가 한 몸인 양 행동하는 무모함의 용기가 그 이유는 아닐까?

오감으로 하는 아빠 놀이가 생각을 키운다

오감을 통해 충분한 경험을 쌓은 아이는 나중에 추상적인 사고도 쉽게 할 수 있다. 아빠가 자연 관찰 책을 읽고 함께 자연에 나간다면 오감을 통해 충분히 지적 자극을 줄 수 있다. 아빠는 아이와 몸으로 놀아줄 수 있기 때문에 엄마와 있을 때보다 아빠를 만날 때 더욱 흥분된 상태가 된다. 엄마는 아이를 안을 때 보통 안정적인 자세로 아이를 안는다. 하지만 아빠들은 아이를 높이 던져 올리기도 하고 거꾸로 들기도 한다. 그래서 아이들은 아빠가 다가오면 오감으로 흥분을 느낀다고 한다. 이런 자극은 아이들에게 신선한 자극이 된다. 아빠는 이런 자극을 최대한 살려 아이와의 친밀함을 지켜보자.

책을 읽을 때, 엄마는 읽을 책을 골라서 읽어주지만 아빠가 읽어주는 책은 종류에 상관없다. 아빠는 어떤 책이든 놀잇감으로 변신시키는 능력이 있다. 둘째가 한창 좋아하던 공룡 책이 있다. 이 책은 완전히 너덜너덜해졌다. 연원미디어에서 나온『공룡의 세계』라는 책은 가장 앞 페이지에 여러 종류의 공룡이 나오고 뒷그림에서 공룡을 찾아보라고 나온다.

나와 읽을 때는 책을 앞뒤로 번갈아 펼쳐보면서 공룡 찾기에만 열중했다. 그런데 아빠는 달랐다. 책 속 그림에서 숨은그림찾기를 시도했다. "소시지가 어디 있지? 조개껍데기는?" 하면 아이들은 책 속에서 그것들을 열심히 찾는다. 사실 그 책에 소시지나 조개껍데기는 없다. 그렇게 보이는 식물이나 공룡 갑옷 위의 뿔을 보고 연상되는 사물 찾기 놀이를 하는 것이다. 나중에는 어떤 책을 보던 아이들은 자기가 그림 속에서 연상되는 다른 사물을 아빠나 엄마에게 찾아보라고 한다. 그러면서 아이의 상상력이 쑥쑥 자란다.

한창 한자에 관심을 보이는 첫째 아이와 책을 읽을 때면, 그림책 안에서 한자 모양과 비슷한 그림을 찾아내곤 한다. 물론 내 눈에는 전혀 그렇게 보이지 않는다. 나는 곧바로 "그 한자는 이렇게 생겼지."라며 스마트폰 검색을 통해 바로 잡아준다. 하지만 아빠는 다르다. 더 많은 한자 찾기를 시도한다. 이렇게 시작된 한자 찾기는 결국 거실 바닥에『마법천자문』한자 카드를 수십 개 펼쳐놓게 만든다.

정리는 내 몫이 되기에 거기까지 발전하는 놀이는 그리 반갑지 않다.

하지만, 아빠에게 더 어려운 한자 문제를 내기 위해 아이들은 틈틈이 한
자를 익힌다. 그 부분은 참 뿌듯한 일이다. 사실 학습적인 면만 아빠가
해주는 책 읽기의 장점으로 연결하는 것도 엄마인 나의 한계이다. 아빠
는 결코 책 읽기로 시작된 놀이가 교육으로 연결된다는 사실은 인지하지
못한다.

아빠와의 교감이 아이의 두뇌 발달에 영향을 준다는 것은 많은 연구결
과로 입증되었다. 엄마는 감정적이고 공감적인 자극을 준다면, 아빠는
조직적이고 체계적인 자극을 준다. 같은 상황이라도 엄마와 아빠가 주는
서로 다른 표현은 아이에게 더 풍부한 자극을 줄 수 있다. 그렇기 때문에
아빠와 적극적인 교감을 나누는 아이들은 여러 방면에서 두각을 나타낼
수 있다.

허용적이고 관대한 아빠 효과

캘리포니아 리버사이드대학교 심리학과 명예교수로 있는 로스 D. 파
크 교수는 30년 넘게 아버지에 대해 연구했다. 저서 『아버지만이 줄 수
있는 것이 따로 있다』에서 "아빠 효과Father Effect"라는 말을 개념화하고
유행시켰다. "아빠 효과"란 자녀들의 성장 발달에 미치는 아빠의 영향력
을 말한다. 엄마는 자녀가 자발적으로 탐색 활동을 펼치려 할 때 제한과
금지를 자주 제시한다. 하지만 아빠들은 위험한 행동에 있어서도 매우

허용적이고 관대하다. 이런 부모의 역할 차이는 아이들의 사회성, 도덕성 및 지적 발달에 있어 서로 다른 영향을 미친다.

"아빠 효과"를 극대화하기 위해 신체적인 놀이뿐만 아니라 논리적 사고력이나 창의성을 키울 수 있는 아빠의 책 읽어주기를 추가하도록 권하고 싶다. 아이와 아빠가 함께 책 읽는 시간을 가져보면 알겠지만, 아빠가 읽어주는 책은 재미있다. 하지만 아빠가 아이와 함께 하는 시간이 부족하거나 엄마에게 책 읽어주기를 의존한다면 그 효과를 보기는 어렵다.

나는 아빠와 아이가 엄마 없이 보낼 수 있는 시간을 주라고 말하고 싶다. 사실 엄마는 아이와 아빠 단둘이 있는 것이 불안하다. 철없는 아빠와 아이가 어떤 사고를 칠지 걱정스럽고, 내가 없어서 겪게 될 아이의 불편함이 싫다. 그래서 항상 아빠와 아이 사이를 관찰하고 끼어든다. 그 둘의 사이에서 잠시 해방되자. 아빠에게도 기회를 주자.

아빠는 충분히 아이와 함께 있을 수 있고 아이를 돌볼 수 있다. 엄마의 걱정이 도리어 아빠와 아이 사이의 교감을 방해할 수 있다. 마음 놓고 밖으로 나가보자. 엄마도 잠시 육아에서 벗어나 자유로운 시간을 갖자. 처음엔 힘들겠지만 아이가 클수록 자연스레 아빠와 아이가 교감하며 "아빠 효과"를 볼 수 있다. 그러면서 아이와 시간을 보내야 하는 아빠가 아이와 책 읽는 시간을 자연스럽게 만들 수 있게 하자.

엄마는 여러 가지 목소리를 흉내 내며 책을 읽어줄 수 있다. 반면에 아빠는 엄마처럼 여러 소리를 낼 수 없지만, 흉내 내는 것만으로도 아이들은 자지러진다. 아빠는 엄마가 못 보는 부분을 책 속에서 본다. 아이의 눈높이에 딱 맞는 엉뚱함이 살아난다. 그런 아빠가 읽어주는 책이 어찌 재미있지 않을 수 있을까?

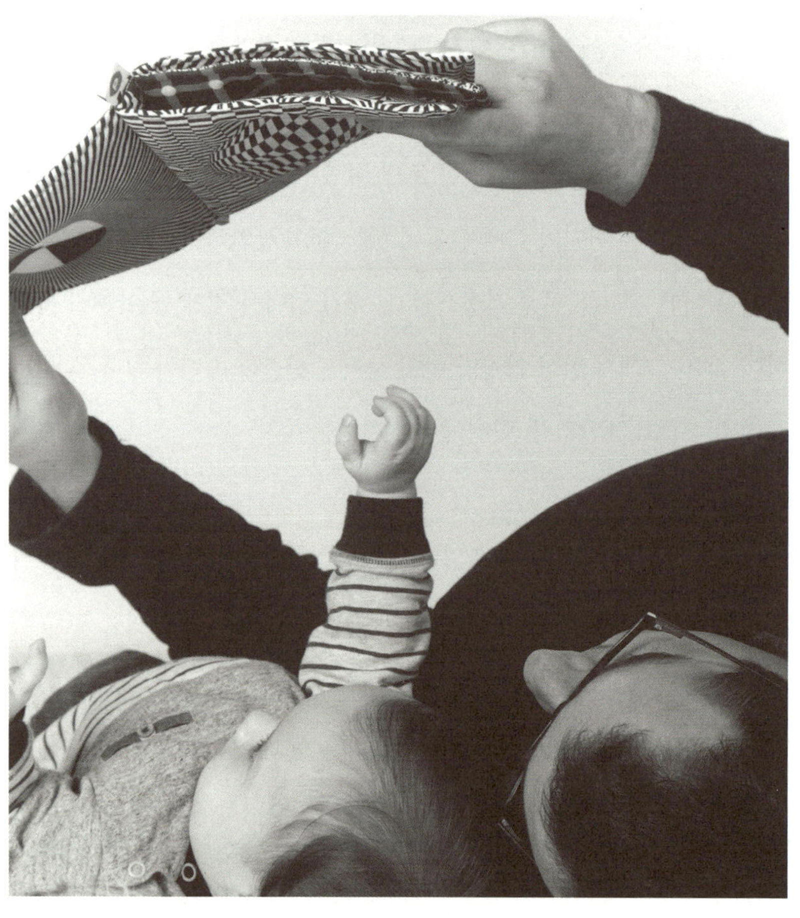

04 구연동화처럼 맛깔나게 읽어라

"마음을 활짝 열고 대담하게 두려움 없이
있는 대로 흡수하라."
– 노신

옹알이에 대꾸도 못하는 엄마, 책을 읽다니요

첫 아이가 태어나면 모든 엄마들은 막막하다. 아직은 말도 안 통하는 아이와 함께 시간 보내기가 두렵다. 밖에도 못 나가고 아이와 둘이 있다 보면 입에서 단내가 난다. 대화할 상대가 없기 때문이다. 종일 잠을 자거나 깨면 울어대기만 하는 아이를 보고 있으면 답답하다는 마음이 앞선다. 원래 아이와 친하지 않았던 나만 그렇다고는 생각하지 않는다.

아이가 어릴 때는 아이를 앞에 메고 병원을 가게 됐다. 병원에는 다양한 연령대의 아이와 함께 온 엄마들이 있었다. 그 중 한 엄마가 눈에 띄었다. 한 백일 정도 된 아이를 안고 아이와 계속 이야기를 하고 있었다.

"엄마랑 우리 OO가 병원에 왔지요. 우리 OO는 병원에 왔는데도 씩씩하네요. 의사 선생님이 봐주시면 금방 나을 거예요."

끊임없이 아이와 눈을 맞추며 이야기하고 있었다. 나는 그 엄마를 보면서 손발이 오그라드는 그런 엄마였다. 말도 안 통하는 아이와 이야기를 하는 것이 쑥스러웠다. 그래서인지 우리 아들 둘은 모두 말이 늦었다. 큰아이는 18개월이 되어서야 "엄마."를 하고 22개월이 되어서야 "아빠."를 할 정도였으니 말이다. 나는 책으로 육아를 배웠다. 책은 나에게 옹알이를 시작하는 아이와 끊임없이 대화를 주고받으라고 했다. 하지만 나는 어떤 말을 해야 할지 몰랐다. 옹알이하며 대화를 시도하는 아이에게 고작 "어이구, 그랬어요?"라는 말만 되풀이했다.

많은 엄마가 아이와 어떤 대화를 나눠야 하는지를 고민한다. 또한 책을 읽어줄 때도 글자와 그림으로만 이루어진 것을 어떻게 읽어줘야 할지 막막해한다. EBS에 나오는 구연동화 선생님처럼 맛깔나게 책을 읽어줄 수는 없을까?

토끼와 호랑이, 물방울까지 흉내 내는 엄마

큰아이가 3살쯤 되었을 때 남편 친구 집에서 집들이가 있었다. 그 집에는 4살과 2살 된 아이가 있었다. 첫째 이름이 지훈이었다. 지훈이 엄마는 집들이를 하는 바쁜 와중에도 아이와 끊임없이 이야기를 나눴다. 작은아이를 업고 지훈이와 "무궁화 꽃이 피었습니다." 놀이를 할 정도니 말은 다 했다.

집들이가 정리될 무렵 우리 아이는 물론이고 같이 왔던 다른 집 아이들도 모두 보이지 않았다. 가끔 방에서 웃음소리가 흘러나올 뿐이었다. 살며시 방에 들어가 보았다. 지훈이 엄마는 방바닥에 책 몇 권을 펼쳐 놓고는 아이들에게 책을 읽어주고 있었다. 아니 책을 읽어주는 것이 아니라 책 속의 등장인물이 되어 있었다. 계속 듣고 있다 보니 인물뿐 아니라 바람이 되었다가 물방울이 되기도 했다. 우리 아이는 이야기를 듣는 일에 푹 빠져 엄마가 들어왔는지도 모르고 있었다.

토끼와 호랑이의 목소리를 흉내 내는 것으로 그치지 않았다. 물방울이라도 또르르 굴러떨어지면 입안의 혀를 굴리며 소리를 냈다. 두 손가락을 세워 아이의 어깨에서 손까지 타고 내려오며 물방울이 굴러떨어지는 모양을 흉내 냈다. 그것만으로도 간지럼을 타는 아이들은 몸을 움츠리며 깔깔댔다. 이야기에 푹 빠져 있는 내 아이를 보니 여태 책 1권 제대로 읽어주지 못한 엄마라 미안했다.

책을 재밌게 읽어주려면 구연동화를 배워야 한다고 생각했다. 구연동화는 자유자재로 목소리를 내는 성우 같은 사람이 손가락에 인형을 끼고 실감 나게 이야기를 들려주는 것이다. 내게는 자연스럽게 부담으로만 느껴졌다. 하지만 지훈 엄마가 들려주는 이야기를 보고 나니 자신감이 생겼다.

동화책을 사면 함께 들어 있는 CD가 있다. 그 CD부터 들어보기로 했다. 책을 읽어주는 사람의 목소리나 말투를 생각하며 들었다. 들어보니, 서술형 문장은 그냥 담담하게 읽다가 대화체가 나오면 그 인물이 되어 목소리만 조금 바꿔 읽어주고 있었다. 조금만 연습하면 가능할 것 같았다. 처음에는 아이에게 책을 들이밀고 목소리 흉내를 시도하는 게 꽤 부끄러웠다. 내 아이임에도 말이다. 하지만 무미건조하게 읽어줄 때보다 더욱 내 목소리에 귀를 기울이고 반응을 보이는 아이를 보니 용기가 났다. 하루 이틀 시도하다 보니 내 연기력도 느는 것 같았다.

엄마가 그림책의 주인공이 되어보라

아이에게 책을 읽어주다 보면 의무감으로 읽게 되는 경우가 많다. 간혹 피곤할 때는 그림책을 글자 위주로 읽어가면서 아이가 다 보았는지 확인하지도 않는다. 책장을 훅훅 넘겨버리는 경우도 많다. 그러나 책을 빠른 속도로 다 읽는 건 중요하지 않다. 아이의 속도에 맞춰주고 아이와 소통하는 일이 중요하다.

책을 읽을 때 아이와 교감할 수 있는 좋은 방법은 엄마가 그림책 속의 인물이 되는 것이다. 책 속의 등장인물이 되어 아이에게 말을 걸면 아이의 속마음을 끌어낼 수 있다. 재미있게 읽어줘야 한다는 부담은 살짝 내려놓고 책 속의 인물이 되어보자. 옹알이 하는 내 아이와 이야기하는 것을 보고 손발이 오그라들었던 나도 가능한 일이다. 다른 사람이 읽은 책의 목소리를 들어보고 따라해보자.

『현명한 아이로 키우는 독서 육아법』의 저자인 멤 폭스는 다음과 같이 말했다.

"듣는 사람의 관심을 끌기 위해서는 목소리만으로 적어도 일곱 가지를 할 수 있다. 그 중 여섯 가지는 서로 대조를 이룬다. 큰 소리/작은 소리, 빠른 소리/느린 소리, 높은 소리/낮은 소리. 그리고 일곱 번째 요소는 정지다."

이렇게 7가지 목소리 요소만 알아도 아이에게 책을 읽어주는 일에 큰 도움이 된다. 아이와 책을 읽을 때의 소리 크기와 속도, 높낮이만 조절해도 읽는 방법은 더욱 풍부해진다. 이제부터 책에서 나타내는 느낌을 표현해보자.

내 아이의 입맛에 맞는 책 읽기는 엄마 입에서 나온다

어느 날 아이를 데리고 서점에 갔다. 아이가 좋아하는 책이 있으면 몇 권 구매하려고 들렀다. 아이가 좋아하는 책이 무엇인지 알기 위해서 나는 서점 한 귀퉁이에서 아이가 들고 오는 책을 읽어 준다. 그중 제일 반응이 좋은 책을 집으로 가져온다. 보통 3~5세의 아이들은 자기가 좋아하는 책을 며칠이고 반복적으로 계속 읽기를 원하기 때문에 여러 권을 빌리는 것보단 1권을 사오는 것이 낫다.

아이와 서점 바닥에 앉아서 책 내용에 푹 빠진 채 읽다가 고개를 들었다. 그런데 이게 웬일인가? 네댓 명 되는 아이들이 내 주위를 삥 둘러싸고 있었다. 목을 쭉 빼고 책을 들여다보면서 내 이야기를 듣고 있었다. 우리 아이는 엄마를 빼앗긴 기분이 들었는지, 엄마가 책 읽어주는 시간을 독점하고 싶어서였는지 아이들을 가라고 몰아댔다. 그 아이들은 자기의 부모에게 돌아갔다. 나중에 보니 몇몇은 내가 읽어줬던 책을 들고 계산대에 서 있었다. 나의 조그만 노력이 빛을 발하는 순간이었다.

아이에게 책에 흥미를 주는 일은 부모의 조그만 노력으로도 가능하다. 원래 표현력이 풍부하고 아이를 좋아하는 엄마였다면 좋았겠지만, 우리 모두 처음에는 초보다. 책 읽어주기에 딱히 정답이라고 할 만한 것은 없다. 책을 더욱 재밌게 읽어주기 위해 동화 구연 훈련까지 받을 필요도 없다. 다만 우리 아이에게 맞는 풍부한 표현을 해주면 된다.

눈빛과 목소리, 작은 표정을 적절히 사용하면 이야기를 더욱 재미있게 읽어줄 수 있다. 아무리 맛있는 음식을 먹더라도 어렸을 적 엄마가 해주던 음식 맛이 생각이 난다. 내 입맛에 가장 잘 맞는 맛이기 때문이다. 책을 읽는 것도 똑같다. 아이에게 재미있는 구연동화를 TV로 보여주는 것보다 매일 조금씩 읽어주는 엄마의 목소리가 더 맛깔난다. 맛깔난 구연동화처럼 책을 읽어준다는 것은 매일 조금씩 엄마의 목소리를 들려주는 것이다. 다만 조금 더 재미와 감동을 줄 수 있도록 부모가 노력한다면 아이는 커서도 고향 같은 느낌을 잊지 못할 것이다.

맛깔나게 책 읽어주는 법!

① 목소리의 톤과 높낮이를 바꿔가며 읽기

② 의성어, 의태어를 써서 생동감 넘치게 읽기

③ 간질이거나 직접 움직이며 오감을 사용하기

④ 등장인물이 되어 아이에게 말 걸기

⑤ 창피하거나 쑥쓰러워도 멈추지 말기

★ 아이를 위한 책

『9살 마음 사전』

자신의 마음을 잘 표현하지 못하거나 점점 말수가 적어지는 아이가 자신의 마음이 어떤지를 표현할 수 있도록 도와주는 다양한 감정이 잘 정리된 책이다.

★ 부모님을 위한 책

『거실 공부의 마법』

이 책은 "똑똑한 집 아이의 거실은 다르다."는 문장으로 시작된다. 거실을 서재로 바꾸고 어떻게 활용해야 하는지에 대한 방법이 나와 있다. 거실을 서재로 바꾸고 아이가 거실에서 공부하고 책 읽기를 원한다면 이 책을 읽어보자.

05 꼬리에 꼬리를 무는 질문을 던져라

"질문하라, 너를 둘러싼 세계에 '왜'라고 물어라."
– 스티븐 스필버그

단답형 질문과 짧은 대답은 지루하다

각 회사들은 같이 일할 인재를 뽑기 위해 채용 시험을 보거나 면접을 진행한다. 얼마 전 우리 회사에서도 직원을 채용하기 위한 면접이 이루어졌다. 일주일간 계속되는 면접에 면접관으로 뽑힌 사람들은 하루에도 네댓 명씩 지원자들을 상대했다. 새로운 사람을 만난다는 기대로 시작했음에도 금세 피곤해진다.

나도 얼마 전에 경력직과 신입을 채용하기 위한 면접에 면접관으로 참여했다. 나 또한 새롭고 신선한 사람들을 만난다는 것에 설레었다. 면접을 하기 전에 미리 이력서를 읽어보고 질문을 뽑았다. 요즘 이력서는 하나같이 개성이 뚜렷하다. 일률적인 자기소개서는 찾아보기 힘들다. 하지만 면접장에서 만나는 지원자들과 대화를 해보면 금방 이 자기소개서의 진위가 판명된다.

여러 번 면접관으로 참여하며 깨달은 것이 있다. 그 사람의 진위를 알기 위해서는 단답형으로 답이 돌아올 질문을 해서는 안 된다는 것이다. 면접을 진행하면서 가장 힘들 때는 더 이상 할 질문이 없어서 면접이 진행되는 50분을 억지로 지키고 있어야 할 때다. 보통 면접 전에 질문은 몇 가지만 준비한다. 나머지는 면접자의 대답에서 꼬리를 물어 다시 질문을 하는 형태로 진행한다. 하지만 질문에 단답형으로 대답을 한다거나 더 이상 무언가 궁금하게 만들지 않는 답을 들으면 남은 시간 동안 그 면접은 길고 지루하게 진행된다.

그렇기 때문에 알찬 면접 시간을 보내기 위해서는 지원자의 준비도 중요하지만 면접관의 준비도 참 중요하다. 듣고자 하는 답이 단답형으로 끝나지 않도록 질문을 준비해야 한다. 또한 일률적인 답을 들을 수 있는 질문이 아닌 정답이 없는 질문을 해야 한다. 그래야 그 지원자가 그 어떤 때보다 소중한 50분이라는 시간 동안 자신을 제대로 보여줄 수 있기 때문이다.

'왜?' 질문법을 사용해보자

내 아이의 관심사, 생각, 느낌을 알아내고자 할 때에도 면접 준비 때와 같이 동일한 노력이 필요하다. 아이가 끊임없이 이야기를 이어나갈 수 있도록 질문하는 것이 중요하다. 워킹맘인 나는 아이와 보내는 시간이 비교적 적다. 때문에 아이의 요즘 관심사나 고민, 친구들 사이에서 일어난 일 등을 일일이 알기 어렵다. 아이가 학교에 다니면서부터는 아이에게 하는 질문이 정해져 있다.

"숙제는 했니?"

"엄마가 가지고 오라는 건 가지고 왔니?"

"선생님 말씀 잘 들었어?"

바쁜 와중에 던지는 질문에 아이는 고개만 끄덕인다. 나도 아이를 똑바로 보지 않고 질문을 늘어놓으면서 질문에 대답을 하지 않는다고 화를 낼 때도 있다. 이런 날은 아이에게 화를 낸 것이 너무 후회된다.

아이에게 하는 질문에도 수준이 있다. 그 질문의 질을 높이는 것 또한 부모의 몫이다. 저녁 잠자리에서 책 읽기 시간은 내게는 무엇보다 소중한 시간이다. 아이의 생각을 읽고 아이의 감성을 매만질 수 있는 시간이기 때문이다. 단순히 책 읽기로만 끝내버리면 나는 엄마가 아닌 동화 구연 CD 속의 목소리일 뿐이다.

책을 매개로 아이와 꾸준히 소통하고 아이의 마음속 이야기를 끄집어
내고 싶다. 하지만 방법을 잘 모른다. 그렇게 고심하던 어느 날, 한 동영
상을 보았다. 여느 미국 가정같이 보이는 화면 속에는 유치원생 정도로
보이는 딸과 아빠가 함께 식사를 하고 있다. 어떤 내용의 대화가 오갔는
지는 잘 생각나지 않는다. 하지만 영상 속의 딸이 아빠에게 지속적으로
하는 단순한 질문이 있었다. 그것은 "왜Why?"였다.

아빠가 한 마디를 건네면 아이는 "왜?"라고 묻는다. 그러면 아빠는 대
답을 한다. 그 대답 뒤에도 또 딸은 "왜?"라고 묻는다. 그렇게 여러 번을
왔다가 가는 대화 끝에 아빠는 아빠가 고민하고 있던 문제에 대한 큰 깨
달음을 얻는다.

이 영상을 보고 바로 이것이 내가 찾던 방법일 수 있겠구나 생각했다.

"왜?"

이 한마디는 아이가 말문이 터지고 호기심이 한창 자라기 시작할 때,
아이가 엄마에게 무수히 던지는 말이다. 아이에게 수없이 당하던 그 한
마디를 나도 써먹기 시작했다.

"왜 그렇다고 생각하는데?"

“왜 그런 것 같니?”

“왜 골고루 먹어야 할까?”

무수한 질문을 “왜?”로 시작했다. 아이는 처음엔 질문에 대해 잘 대답하지 못한다. 하지만 아이가 짧게 답해도 그 답에 이어서 “왜?”라고 물어가면 아이가 제대로 표현하지 못했던 속마음이 나타난다.

우습지만, 이 방법은 초등학교 이전의 아이에게 권한다. 우리 집의 6살 작은아이에게는 효과가 있지만 초등학교 2학년인 큰아이에게는 그리 효과를 보지 못했다. 특히 남자아이라면 초등학교 이상의 아이에겐 그리 좋은 방법이 아니다. 아이의 답이 “그냥.”이라고 돌아오는 경우가 많다. 그 상황에서 계속 “왜?”라는 질문이 들어가면 아이는 자리를 피해버린다. 이 질문법은 상황을 봐가면서 아이의 나이에 맞게 적용하길 권한다.

하브루타 독서법의 실천

초등학교에 들어간 아이는 점점 재잘거림도 줄고, 엄마와의 대화도 줄어든다. 다른 엄마들도 남자아이들은 시시콜콜하게 자신에게 일어났던 일을 이야기하지 않는다고 한다. 그래서 같은 반에 있는 여자아이의 엄마와 친해져야 한다는 말까지 있다. 그래야 아이의 학교생활이나 있었던 일 등을 한 다리 건너서라도 들을 수 있기 때문이다.

그래서 요즘 내가 관심을 가지고 보는 책이 ‘하브루타’에 관련된 것이다. 하브루타는 짝을 이뤄 서로 질문을 주고받으면서 공부한 것에 대해 논쟁하는 유대인의 전통적인 토론 교육 방법이다. 유대인 교육법에 관심이 많았던 나는 질문에 대한 중요성은 알고 있었으나 어떻게 질문해야 하는지에 대해서는 항상 고민이 많았다.

어느 날 작은아이가 유치원 수업 중 하브루타를 신청해달라고 했다. 왜 그게 하고 싶냐고 물어보니 수업 중에 퀴즈를 내는데 그게 너무 재미있어 보인다는 것이다. 그렇게 하브루타라는 것을 알게 되었고 관련된 책을 찾아 읽기 시작했다. 몇 가지 하브루타에 관련된 책들 중 '하브루타 독서법'에 관련된 책들에 주목했다.

아이와 나눌 수 있는 하브루타 주제를 잡는 것은 쉽지 않은 일이다. 그래서 책을 하브루타 소재로 삼았다. 이 책들은 이론적인 설명보다는 실제 아이와 함께 나누는 대화 형식으로 이루어진 책이 많았다. 그만큼 아이에게 바로 대입하기가 쉬웠다. 물론 책 속에 소개된 대화처럼 질문하고 생각을 끄집어내는 모범적인 대화가 늘 이루어지지는 못했다.

책을 주제로 하는 아이와의 하브루타 3단계

그런 시행착오를 몇 번 겪으며 나와 우리 아이를 위한 재미있는 방법들이 생겼다.

첫째, 책을 읽기 전 제목만 보고 책의 내용이 무엇인지 맞추기부터 시작한다. 엄마인 나도 아이도 처음 읽는 책이라면 더욱 깊이 이야기할 수 있다. 제목만 보고 짧게 이야기하고는 넘어가는 경우도 있지만, 이미 제목으로 이야기를 다 구성해서 이야기하는 경우도 있다. 왜 그런 생각을 했는지는 처음부터 묻지 않는다.

둘째, 책장을 넘기고 책을 읽으면서 아이가 생각한 이야기가 나오거나 아니면, 아이 생각과 전혀 다른 방향으로 흘러가기도 한다. 맞추면 신이 난다. 아이가 맞췄다면 어떻게 그런 생각을 했는지, 엄마가 생각했던 이야기는 어땠는지를 묻고 대답에 꼬리를 이어 묻는다. 아이가 틀렸더라도 왜 그런 이야기가 될 것이라고 생각했는지, 그 생각이 완전히 틀렸다고 생각하는지, 역시 꼬리를 물고 질문과 답을 한다.

셋째, 아이도 퀴즈를 내듯이 내게 질문하게 한다. 그러면 읽었던 내용을 머릿속에 한 번 그려보고는 엄마가 기억하지 못할 것으로 생각하는 것들을 질문한다. 책을 다 읽고 질문하기 놀이를 하자고 미리 말해두면 아이는 책을 읽으면서 더욱 집중하여 읽는다. 어떤 내용을 질문할지 뇌를 활발히 움직이며 책을 받아들인다.

여기서 질문과 답의 연속이 시험인 것처럼 이야기 속에 어떤 이야기가 있었는지, 그 이야기를 듣고 느낀 점이 무엇이었는지를 직접적으로 묻지 않는다. 하브루타는 스스로 생각해서 이야기를 끄집어낼 수 있도록 질문하는 것이 중요하다. 그리고 아이 또한 생각하고 질문할 수 있도록 끌어주는 것이 중요하다.

미래를 살아갈 힘은 질문에서 나온다

요즘엔 지면에 서술하는 형태의 시험이나 평가가 점점 줄어들고 있다. 기업 채용 또한 인공 지능을 이용하여 컴퓨터 화면을 통해 면접을 보는 AI 면접 시스템까지 생겨났다. 틀에 박힌 자기소개서나 지식만을 평가하는 지면 시험은 점점 그 자리를 잃어가고 있다. 자신의 생각을 제대로 어필하면서도 유연하게 생각하고, 창의적인 질문을 유도해내는 것. 그것이 이 시대를 살아갈 아이들에게 필요한 역량이다.

그 역량을 제대로 발휘할 수 있는 힘이 바로 질문의 힘이다. 상대를 지루하지 않도록 하면서도 상대에게 호감이 있다는 것을 보일 수 있고, 상대도 호감을 보일 수 있는 영양가 있는 질문이 오갈 수 있는 상황을 만드는 질문의 힘을 우리 아이에게 길러주자. 꼬리에 꼬리를 물어 질문하듯 우리 아이의 매력도 꼬리에 꼬리를 물면서 발산할 수 있을 것이다.

질문하며 하브루타 독서하는 법!

① 책 읽기 전에 표지 보고 내용 추측하기

② 책 읽으며 추측했던 내용과 비교하기

③ 단답형 질문보다 의견을 말할 수 있는 질문하기

④ "왜?"라는 질문에 "왜?"라고 역으로 묻기

⑤ 다 읽고 나서 서로 책에 대한 퀴즈 내기

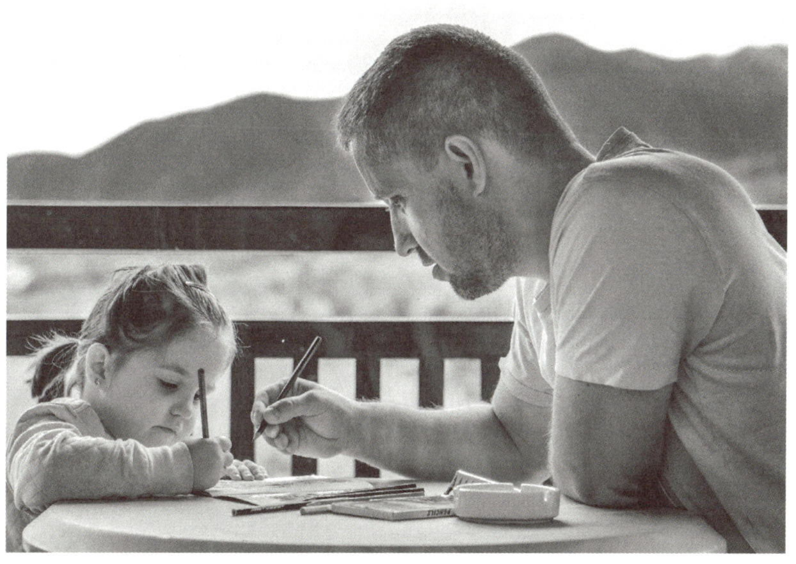

"왜?"

이 한마디는 아이가 말문이 터지고 호기심이 한창 자라기 시작할 때,

아이가 엄마에게 무수히 던지는 말이다.

★ 아이를 위한 책

『책 읽는 도깨비』

돈 밖에 모르던 도깨비들이 선비와의 내기에서 이기기 위해 세종 대왕을 만났다가 책방 가는 기쁨, 책을 사는 기쁨, 책을 읽는 기쁨을 느끼게 된다는 이야기로 책을 사랑할 수밖에 없게 만드는 책귀신 이야기이다.

★ 부모님을 위한 책

『책으로 노는 집』

책의 표지가 참 따뜻하다. 책으로 대화하고 소통하는 아홉 독서 가족을 만나는 이야기로 시작된다. 각 집마다 고유한 독서 문화를 가지고 있는데, 우리집만의 독서법을 구상해보고 우리 아이에게 맞는 독서법은 무엇이 있을지 고민해보게 된다.

06 학습 만화와 글로 된 책을 함께 활용하라

"배우고 생각하지 않으면 어둡고,
생각만 하고 배우지 않으면 위태하다."
- 공자

보편화된 학습 만화 읽혀도 괜찮을까?

어렸을 적에 한두 번쯤은 만화책에 빠져본 적이 있을 것이다. 만화책
을 볼 때면 자기가 밤을 새우는 줄도 모른다. 한 달에 한 번 나오는 다음
시리즈를 손꼽아 기다린 적도 있다. 요즘도 인터넷에 들어가면 일정한
요일마다 만화가 업데이트되는데, 그걸 기다리는 어른도 많다. 그만큼
만화는 다음 이야기가 기다려질 정도로 흥미롭다.

어렸을 적엔 엄마한테 혼날까봐 숨어서 만화를 보기도 했다. 숨어서 본 이유는 만화책에 나오는 내용이 선정적이거나 폭력적인 것들이 많아서였다. 초등학교 선생님인 우리 도련님의 방에도 만화책이 시리즈로 있다. 이사할 때마다 조심히 옮기는 중요한 소장물이다.

요즘은 출판사에서 학습 만화가 앞다퉈 나오고 있다. 도서관에도 학습 만화가 많이 비치되어 있다. 학창시절 도서관에 많이 들락날락했지만, 만화책이 있는 것을 본 적이 없는 나로서는 도서관에서 처음 만화책을 만났을 때 좀 당황스러워했다.

그렇다면 이렇게 보편화된 학습 만화를 읽는 우리 아이는 괜찮을까?

내 의견을 말하자면, 괜찮다. 하지만, 이 '괜찮다.'에는 한 가지 전제가 있다. 충분한 어휘력을 갖춘 아이가 글로 된 책과 함께 학습 만화를 활용한다면 괜찮다.

아이들이 만화책을 좋아하는 이유

아이들이 만화책을 좋아하는 이유는 몇 가지가 있다.

첫째, 책을 읽는 게 부담되지 않는다. 글이 아닌 만화만으로도 충분히 이야기를 이해할 수 있다. 시각적으로 그림을 보는 것은 글씨를 읽는 것보다 편하다.

둘째, 몰랐던 사실을 알게 되는 그 과정이 무척 쉽다. 쉽게 알게 되니 그만큼 재미있다. 그래서 자꾸 보게 되고, 자꾸 보니 기억이 잘 된다.

위에 언급한 두 가지 이유는 학습 만화의 큰 장점이기도 하다. 하지만 우려하는 바처럼 학습 만화는 단점도 가지고 있다.

첫째, 이야기 위주로 전개되기 때문에 이야기를 빨리 파악하기 위해 글자를 꼼꼼히 읽지 않고 대충 읽는 습관이 들 수도 있다.

둘째, 구어체로 된 글씨를 읽다 보니 문장으로 되어 있는 글을 읽는 것이 무척 부담스럽게 느껴진다. 그렇게 짧은 구어체 위주로만 읽기를 하면 독해력과 어휘력이 떨어지고, 문장을 읽는 호흡도 짧아진다.

따라서 위의 장점과 단점을 잘 파악하고 글로 된 책과 학습 만화를 조화롭게 활용한다면 큰 무리가 없을 것이다.

만화책은 글로 된 책을 이끄는 마중물로 쓰자

우리 집에도 수십 권의 학습 만화가 있다. 하지만 시리즈로 된 학습 만화는 딱 한 가지다. 나는 학습 만화를 책에 흥미를 갖게 하고, 책 속 지식의 세계로 이끄는 마중물로 활용한다. 시중에는 아주 많은 학습 만화 시리즈가 있다. 매달 1권씩 추가되는 학습 만화도 있다. 엄마들은 학습 만화에 대해 확신을 갖지 못하면서도 책을 살 때 전집으로 사는 경우가 많다. 나는 다른 책은 모르더라도 학습 만화 만큼은 전집으로 사는 것을 지양한다. 학습 만화는 딱 아이의 흥미를 이끄는 정도로만 활용하면 충분하다. 학습 만화로 유발된 흥미를 글로 된 책으로 이어가야 함을 명심해야 한다.

우리 가족은 가끔 중고 서점에 방문한다. 중고 서점에도 학습 만화가 종류별로 많이 꽂혀 있다. 아이들과 책을 사서 나올 때면 아이 책 10권 중 2권 정도를 학습 만화로 채운다. 우선 학습 만화를 사주게 되면 서점에 가는 것을 기대하고 즐거워한다. 그래서 그런지 학습 만화는 서점에서 사온 책 중 가장 먼저 읽는 책이다. 집으로 돌아오는 차안에서 다 읽는 경우도 허다하다.

그 학습 만화를 여러 번 반복해서 읽고 나면 나는 그와 관련된 글로 된 책을 찾아 아이 주변에 둔다. 아이는 이미 학습 만화를 통해 얻은 소소한 지식에 흥미를 느꼈기 때문에 글로 된 책에도 충분히 관심을 갖는다. 좀 더 깊은 내용을 탐구하기 위해 먼저 책을 찾아드는 경우도 있다. 이런 책들은 보통 역사나 과학 분야가 대부분이다.

이렇게 만화를 통해 해당 내용을 먼저 읽어본 후 그와 비슷한 내용의 글로 된 책을 읽게 해주면 아이는 크게 부담을 느끼지 않는다. 또한 만화책의 내용과 글로 된 책의 내용을 비교하게 된다. 역사책의 경우, 저자의 표현 방식에 따라 조금씩 역사적 견해가 다를 수 있는데, 그런 부분을 비교하며 읽는 능력도 덤으로 기를 수 있다.

얼마 전에는 그리스·로마 신화를 만화책으로 2권 사왔다. 아이가 관심을 갖는 것이 보여 글로 된 책으로 한 질을 들일까 고민하고 있다.

학습 만화는 읽을 수 있는 시기가 되었을 때 읽히자

위의 경우는 우리 두 아이 중 9살인 첫째 아이에 해당한다. 첫째 아이는 어느 정도 읽기 독립이 되었고, 책 읽는 습관이 비교적 잘 들었기 때문에 만화책을 글로 된 책의 마중물로 쓰는 것이 가능하다.

하지만 6살인 둘째 아이는 사정이 다르다. 둘째 아이는 아직 완전히 읽기 독립이 이루어지지 않았을 뿐더러 어휘력이 갖춰지지 않았다. 또한 이 또래의 아이들은 아직 논리적인 사고가 부족하다. 그래서 의미 파악을 해야 하는 설명문 형태의 지식 정보 책은 읽히지 않는다. 학습을 위한 책보다는 언어나 인지 발달, 도덕성, 사회성 발달을 위한 동화책 읽기를 많이 한다. 하지만 이런 내용의 만화책을 본 적이 없는 것으로 보아 아직은 학습 만화에 길들일 시기는 아닌 것 같다.

이유식처럼 읽는 책에도 순서가 있다. 이유식도 묽은 죽에서 밥의 형태로 바꿔가듯 책도 그림과 오감을 자극시키는 책에서 점점 글이 많아지는 책으로 바꿔간다. 나는 학습 만화를 읽는 시기는 밥에 반찬을 얹어 먹는 시기도 조금 지나 여러 나물과 고추장을 약간 넣은 비빔밥을 먹을 수 있는 시기는 되어야 한다고 생각한다.

학습 만화를 읽을 시기가 되지 않은 아이에게 만화책을 보게 하면, 아이의 상상력을 제한하게 된다. 동화책은 글을 읽으면서 머릿속에 이미지를 떠올리며 상상하게 된다. 하지만 만화책은 글이 아닌 직접적인 그림으로 표현되기 때문에 있는 그대로 시각적으로 받아들이게만 된다.

또한 만화책은 아이의 어휘력에 한계를 준다. 만화에 나오는 언어는 대부분 쉽고 간결하게 되어 있다. 구체적인 표현보다는 이야기 위주로 전개가 되어 쉬운 표현만 쓰게 된다. 같은 내용을 나타내더라도 표현의 섬세함이 떨어진다. 아이의 어휘력과 표현력이 떨어질 수밖에 없다. 초등학교 입학 후에 학습 만화를 접하게 되는 경우가 대부분이다. 초등학교에 입학했다고 해서 모든 아이가 읽기 독립을 마치고 책 읽기 습관이 제대로 든 것은 아니다. 부모가 아이의 읽기 수준과 어휘력을 잘 파악하고 학습 만화를 접하게 하는 것이 좋다.

학습 만화, 꼭 부모가 먼저 읽자

다른 책도 마찬가지지만, 학습 만화의 경우에는 특히 부모가 먼저 읽어보는 것이 좋다. 너무 지나치게 과장되어 있지는 않은지, 우리 아이의 수준에 맞는지, 너무 선정적이거나 폭력적이지는 않은지 확인해보라. 아이는 학습 만화를 읽고 얻은 지식을 부모 앞에서 뽐내기도 한다. 단기적으로는 학습 만화에서 얻은 지식이 나쁘지 않아 보인다. 하지만 학습 만화로만 얻은 지식은 단순하고 보편적이다. 이 지식을 조금 더 넓혀주는 것이 부모의 몫이다. 아이가 만화책으로 얻은 지식에 뿌듯해하는 것에 기분 좋아하거나, 책을 읽는 것 자체만으로 감동해서는 안 된다. 보통 만화책은 본다고 하고 책은 읽는다고 한다. 단순히 본 것만으로 지식이 쌓이고 독서 능력이 향상된다고는 볼 수 없다. 더 큰 지식으로 확장할 수 있도록 책 읽는 능력을 키워주는 것이 중요하다.

학습 만화, 마냥 나쁘다고 할 수 없다. 마냥 좋다고도 할 수 없다. 학습 만화를 읽어도 되는 수준이 되었을 때, 추가적인 지식의 흥미를 이끌기 위한 수단으로 사용하자. 그리고 그 흥미는 흥미에서 그치는 것이 아니라 더 넓고 구체적으로 표현된 글로 된 책으로 이어갈 수 있어야 한다.

학습 만화 활용하는 법!

① 먼저 학습 만화의 장 · 단점을 알기

② 책 10권 중 한두 권은 학습 만화로 사주기

③ 학습 만화로 특정 주제에 대한 흥미를 끌어내기

④ 흥미를 갖게 된 주제의 글 책 눈에 띄게 놔두기

⑤ 주의! 만화책과 학습 만화를 구분하기

★ 아이를 위한 책

『책 먹는 여우』

책에 대한 욕심이 지나쳐 책을 먹어 치우는 여우 아저씨의 이야기이다. 여우 아저씨는 도서관을 털려다가 감옥에 갇혀 글을 쓰게 되고 작가가 된다. 책을 좋아하면 독자에서 저자가 될 수 있다는 이야기다. 진정으로 책을 사랑하는 마음을 가지게 하는 책이다.

★ 부모님을 위한 책

『책 읽어주기의 기적』

책 읽어주기를 하고 싶은데 서툴다면 이 책을 읽어보자. 책을 읽어줘야 하는 이유와 읽어주는 노하우를 담고 있다.

07 그날의 뉴스거리를 책으로 이어보라

"책들은…… 바닷가재 껍질과도 같아서
우리는 자신을 책으로 감싼 후 뚫고 자라나
초기 성장단계들의 증거로 뒤에 남긴다."
– 도로시 세이어즈

뉴스거리로 호기심을 끌어내자

아이가 책 읽기를 좋아할 수 있게 하는 방법은 여러 가지가 있다. 그중 책의 주제, 사람, 사회와 관련된 것으로 흥미를 끌 방법으로 그날의 뉴스거리를 활용하는 것을 추천한다. 세상엔 하루에도 크고 작은 일들이 많이 일어난다. 내 주변의 일부터 지구 반대편의 일까지 다양하다.

우리나라의 안 좋은 사고 이야기로 뉴스가 떠들썩할 때, 지구 한편에선 축제를 즐기기도 한다. 우리가 맛있는 것을 배불리 먹으며 반찬 투정을 할 때, 가난한 나라의 아이들은 먹을 물조차 구하기 힘들다. 알파고가 이세돌과 바둑을 겨루고, 세상을 떠들썩하게 했던 사람이 죽기도 한다.

이런 일들을 아이와 함께 접했을 때 아이의 관심을 읽고 그 관심을 확장시켜주는 것이 좋다. 한쪽으로 치우치는 아이의 책 편식을 다른 쪽으로 돌릴 수 있는 기회를 놓치지 않고 잡아야 한다. 아이와 함께 세상의 뉴스에 조금 더 관심을 가져 보자.

뜻밖의 새로운 세계에 눈을 뜬다

얼마 전, 작은아이의 생일에 영국의 천재 물리학자 스티븐 호킹의 별세 소식을 들었다. 스티븐 호킹은 "아인슈타인 다음으로 천재적인 물리학자"라는 수식어가 붙을 만큼 우주론과 양자 역학 연구에 뛰어난 업적을 남긴 사람이다. 그보다 더 그가 유명해진 것은 21살에 루게릭병 진단을 받았다는 거다.

루게릭병에 걸린 스티븐 호킹은 2년 정도의 시한부 선고를 받지만 좌절하지 않고 자신의 연구에 매진한다. 보고, 듣고, 손가락을 움직이는 것 이외에는 몸을 움직일 수 없었지만 병이 발병하고도 50년 동안 놀라운 우주 과학 이론을 남겼다.

이 스티븐 호킹의 별세 소식에 마음속으로 애도를 표하며 집에 있는 위인전의 목록을 확인했다. 다행히 『우주의 비밀을 파헤친 스티븐 호킹』이라는 책이 있었다. 예전에는 이미 죽고 없는 사람만 위인전에 있었던 것 같은데, 요즘은 세상을 이롭게 한 인물들이 수시로 위인전에 등장한다. 스티븐 호킹의 책도 그가 살아 있을 때 만들어진 책이다.

아직 아이의 손때가 묻지 않은 책을 꺼내 들고 아이들과 누웠다.

"오늘 이 스티븐 호킹이라는 분이 돌아가셨대. 어떤 일을 하신 분이기에 책에도 있고, 뉴스에도 나올까?"

아이들은 관심을 가지고 책을 빨리 읽어주길 기대했다. 표지에 우스꽝스러운 자세로 휠체어를 타고 있는 스티븐 호킹의 모습에 더욱 호기심을 드러냈다.

책 중간에 호기심이 많은 스티븐의 별명이 "이상한 책벌레"였다는 부분이 있었다. 우리 큰아이는 얼굴에 브이를 그리며 "나는 잘생긴 책벌레지."라고 해서 작은아이와 한참을 낄낄거리며 웃었다.

우주의 비밀을 파헤친 스티븐의 이야기와 블랙홀 이야기는 결국 아이들이 이불을 박차고 거실 책장 앞으로 모이게 만들었다. 집에 있는 과학책 중 우주와 관련된 책들이 하나씩 거실 바닥을 덮었다. 아이의 호기심이 너무 자극되면 잠자리 의식으로 시작된 책 읽기가 실패하기 때문에 과학책은 되도록 지양한다. 그런데 이날은 위인전을 읽다가 우주의 세계로 옮겨가는 바람에 다시 잠자리에 들어가는 데 한참이 걸렸다.

이렇게 아이의 호기심에 발동이 걸린 날은 빨리 자자고 잔소리만 하면 더욱 역효과가 난다. 관련된 책을 꺼내 놓고 지금 읽을 책 1권을 정하고 나머지는 내일 일어나서 읽는 것으로 약속한다. 블랙홀이 모든 것을 빨아들인다고 알고 있던 아이는 블랙홀에서 열과 빛이 나온다는 사실에 집중했다. 아이는 빨리 자고 일어나 읽고 싶은 마음에 애써 눈을 깜빡이며 잠자리에 들었다. 스티븐 호킹의 타계 소식으로 블랙홀까지 빨려 들어간 우리 아이의 관심은 그날로부터 꽤 오래 지속되었다.

엄마도 아빠도 세상 돌아가는 것에 관심을 갖자. 그리고 그 뉴스거리를 아이와 공유하자. 세상은 급박하게 돌아가고 여러 정보는 무분별하게 난무한다. 그런 뉴스를 하나하나 아이와 함께 보고 듣기는 힘들다. 무분별하지 않은 정보를 골라 아이에게 알려주자. 그리고 책으로 조금 더 깊은 내용을 연결해주자. 아이는 그 호기심을 시작으로 관심 분야를 넓혀갈 수 있다.

편견을 깨고 관점을 바꿔 생각하게 한다

삼일절, 광복절 등 어김없이 오는 국경일은 나도 아이도 회사와 학교를 쉬는 날이다. 이런 날은 독서 탐구하는 날로 보낸다. 태극기를 달고 아이가 그날에 대해 얼마나 알고 있는지를 잠깐 확인한다.

올해 삼일절에 6살 작은아이가 일본에 대해 크게 반감을 가지고 있는 것을 듣고는 놀랐다. 얼마 전 자기의 꿈이 일본 경찰이 돼서 나쁜 일본 사람을 잡는 거라고 했었다. 그때는 그냥 대수롭지 않게 넘어갔다. 하지만 아이는 유치원에서 배운 내용인지 할머니, 할아버지께 들은 이야기인지 일제 강점기를 살았던 것 마냥 모든 일본 사람을 괴물같이 생각했다.

역사적 사실을 아이에게 제대로 알려주는 것은 중요하다. 모든 세계가 공존하고 협력하고 지내는 시대를 사는 아이에게 어른들의 잣대로 일본 사람에 대한 반감만 심어주는 것은 현명하지 않다고 생각했다. 백과사전이나 역사책을 살펴보니 거의 모든 책이 일본인들이 우리에게 총칼을 겨누거나 나쁘게만 묘사되어 있었다. 삼일절이라고 관련 책만 꺼내 읽히려니 마음이 좋지 않았다. 그러던 중 일본 위인은 없을까? 하고 위인전을 찾아보았다.

아이가 아주 좋아하는 애니메이션 〈하울의 움직이는 성〉, 〈이웃집 토토로〉의 감독인 미야자키 하야오가 있었다. 6살이기에 아이에게 위인전은 좀 어렵다. 좋아하는 만화의 주인공들의 그림을 위주로 보면서 읽었다. 그리곤 아이에게 네가 좋아하는 만화를 만든 사람도 일본 사람이라고 말해주었다. 조그만 아이의 눈이 살짝 커지더니 이내 반달 같은 웃음을 보이며 혀를 내밀었다. 그 잠깐의 표정을 짓기까지 아이의 머릿속엔 어떤 것들이 지나갔을까?

아이에게 나의 생각을 깊게 이야기해주지는 않았다. 단지 아이가 편향된 시각으로 세상을 보는 것을 원하지 않았기 때문에 조금 다른 각도로 일본을 바라볼 수 있게 해주었다. 아이 스스로 생각하고 이해할 수 있도록 조금 도와준 것뿐이다. 오늘의 뉴스거리는 이렇게 아이의 시야를 들여다보고 다른 관점을 바라볼 수 있도록 해주는 것으로 연결되었다.

부모의 마음을 대신 전달해준다

이 글을 쓰는 며칠 전은 세월호 4주기였다. 세월호 침몰 당시 우리 큰 아이는 5살이었다. 그 일을 기억하기도 쉽지 않을 나이였다. 하지만 9살이 된 지금은 방송을 통해 나오는 이야기에 관심을 가진다. 엄마, 아빠가 왜 뉴스를 보면서 안타까워하는지를 조금은 아는 것 같다. 하지만 이 또한 정치적 견해로 이야기되는 사건의 하나로만 아이에게 각인시키고 싶지 않았다.

온라인 서점을 뒤져서 세월호에 관련된 책들을 찾아보았다. 세월호라는 검색으로만 690건에 달하는 책이 검색되었다. 9살 아이에게 정치적 견해가 아닌 사실과 안타까움에 관련된 느낌을 전달해주고 싶었다. 검색된 책들 중 시와 그림으로 엮인 몇 권을 주문하고 기다리는 중이다. 책이 도착하면 여느 때처럼 먼저 읽어보고 아이에게 주려고 한다. 더 이상 안타까운 뉴스거리가 나오지 않았으면 좋겠다는 엄마의 마음을 전해주고 싶다.

아이의 시선에 세상의 뉴스거리는 이해하기 힘든 것들이 많다. 하지만 그만큼 알게 해줄 것들도 많다. 같이 뉴스나 신문을 보고 아이가 관심을 가지는 부분을 놓치지 말자. 부모가 알아서 아이의 호기심을 자극해주어도 좋다. 꼭 정해서 하루에 1개, 일주일에 1개의 뉴스거리를 책으로 보기로 정하지 않아도 된다. 다만 기억에 남기고 아이와 소통할 수 있는 주제는 버리지 말고 책으로 이어보자. 그러면 아이의 세상을 보는 시야가 기대 이상으로 넓어질 수 있다.

뉴스도 보고 책도 보는 법!

① 부모가 먼저 뉴스 보기

② 아이가 이해할 수 있는 뉴스라면 함께 보기

③ 아이가 궁금해할 만한 주제 잡아내기

④ 아이에게 설명해주고 함께 관련 책 읽기

⑤ 꼭 책을 읽지는 않더라도 함께 이야기하기

책은 인테리어
소품이 아니다

가끔 육아 카페나 블로그를 보면 아이의 모습을 담은 사진 뒤에 빼곡히 꽂혀 있는 유명한 전집들이 눈에 들어온다. 그 책들은 하나같이 예쁘게 정렬되어 아이가 교구를 다루는 모습, 책 읽는 모습, 실험하는 모습들의 배경이 된다. 과연 저 많은 책들은 얼마나 아이의 손을 탔을까?

첫 아이가 1학년이 되던 해, 나는 거실에 천장까지 닿는 책장을 들여놓았다. 그리고 아이의 책을 빼곡하게 꽂았다. 거실 중간에 큰 책상도 두었다. 꿈에 그리던 서재형 거실을 만든 것이다. 책장의 책은 출판사별로, 크기별로, 색깔별로 예쁘게 꽂았다. 책 순서가 하나라도 바뀔까봐 일일이 손으로 짚어가며 확인했다.

그러면 아이가 책을 잘 읽을 줄 알았다. 그러나 아이들은 정리하라는 엄마의 말이 싫어 점점 책을 꺼내 보는 일이 줄어들었다. 손이 닿지 않는 높은 곳의 책은 더더욱 그랬다.

그런데 그 해 여름, 거실 책장의 책을 모두 꺼낼 일이 생겼다. 꺼내 놓은 책은 며칠 내내 이 방, 저 방의 바닥에 쌓여 있었다. 그때였다. 아이들이 방에서 낄낄거리며 책을 읽고 있었다. 침대를 굴러다니다 침대 옆, 손이 닿는 곳에 쌓여 있는 책을 주워 읽었다. 로봇을 가지고 놀다가 장난감과 함께 굴러다니는 책을 읽었다. 그제야 책은 아이의 손 가까이에 있어야 한다는 것을 깨달았다.

책은 인테리어를 위한 것이 아니다. 책은 언제나 읽을 수 있도록 손이 닿는 가까운 곳에 두어야 한다. 먹을 것도 가까이 있으면 손이 자꾸 가게 된다. 책도 마찬가지다. 아이와 가까운 곳에 책을 두자. 책의 종류와 수가 중요한 게 아니다. 아이에게 읽히려고 산 책이 집에 놀러온 다른 엄마들에게 자랑이나 하려고 꽂아둔 것은 아닐 거다.

4장

창의적인 아이로 키우는 7가지 독서 코칭법

1. 대화와 질문을 멈추지 마라.
2. 관찰하며 전략적으로 읽어라.
3. 더 생각하고 표현하게 하라.

01 대화를 통해 호기심을 일깨워라

질문은 호기심의 표현이다

앞으로 우리 아이들이 살아갈 미래 세대는 창의력만이 살 길이다. 기존의 것들로는 만족하지 못한다. 새로운 것을 재창조하는 능력을 갖추어야 한다. 창의성은 아인슈타인이나 에디슨과 같은 천재라 불리는 사람에게만 있는 것이 아니다. 이 창의력의 바탕이 되는 힘은 바로 호기심이다. 태어나면서부터 생기는 것이 호기심이다. 엄마 뱃속에서 나오자마자 낯선 환경을 맞이하고 새로운 사람을 만나게 되면서 호기심이 발동한다.

어린아이일수록 손이나 입으로 그 호기심을 해결하려고 한다. 말을 배워가면서 아이는 질문을 통해 호기심을 해결해나간다. 아인슈타인은 "자녀에게 선물로 줄 수 있는 것이 한 가지 있다면 무엇을 주고 싶은가?"라는 질문에 "호기심"이라고 답했다고 한다. 늘 호기심을 가지고 질문을 던지며 끊임없이 생각하는 힘이 아인슈타인을 위인으로 만든 비결이다. 이 호기심을 잘 이끌어준다면 창의적인 사람으로 키울 수 있다.

작은아이가 4살 즈음 까치발을 들고 걸어 다녔다. 그냥 놀 때는 괜찮아 보이는데 가만히 서 있거나 집중을 하는 것 같으면 항상 까치발을 하고 있었다. 형과 함께 놀 때면 더 그랬다. 걱정이 되어 병원에 갔다. 엑스레이를 찍고 몇 가지 검사를 한 후 의사 선생님은 말했다.

"아이가 까치발을 드는 데 몇 가지 신체적 문제가 있을 수 있으나, 걱정하지 않으셔도 됩니다. 아이가 호기심이 많죠? 궁금한 것이 높은 곳에 많으니 까치발을 하는 거죠. 웬만하면 아이의 관심을 끌 만한 것들은 아이 눈높이에 맞게 내려놓는 것이 좋을 거 같네요. 너무 걱정 안 하셔도 될 것 같습니다."

안심이 되었다. 작은아이는 궁금증이 많았다. 키가 큰 형을 따라다니다 보니 형의 눈높이에 맞추기 위해 까치발을 든 것이다. 생각해보니 아이는 높은 곳에 있는 것들도 궁금해했다. 그래서 책장에 매달리거나 서랍을 꺼내 계단처럼 타고 올라가는 등 위험한 행동으로 날 놀라게 한 경우도 많았다. 아이가 보는 모든 것이 궁금증 투성이었다. 주말에 아이와 함께 종일 붙어 있는 날이면 잠시도 입이 가만있지 않고 질문을 해댔다.

"엄마, 이건 뭐야?"

"여긴 뭐라고 쓰여 있어?"

"왜?"

이런 질문은 쉽게 대답해줄 수 있다. 하지만 가끔 엉뚱한 질문으로 날 당황스럽게 만들기도 했다. 예를 들면 "엄마는 고추가 없는데 어디로 쉬를 해?" 같은 질문이다.

아이의 질문을 되물어라

어느 날은 아기 오리들이 나오는 동화책을 읽어줄 때였다. "겨울이 가고 봄이 왔어요. 아기 오리들은……."하며 읽고 있는데 아이가 물었다.

"엄마, 겨울이 어디로 갔어?"

큰아이 때 이미 황당한 질문을 많이 받았던 나였지만, 또 다른 식의 질문에 적잖이 당황했다. 이런 경우 4살의 아이에게 사계절에 대해서 자전과 공전까지 설명을 하면서 겨울이 간 것에 대한 설명을 해야 하나? 아니면 대충 '산 너머로 갔어.'라고 마무리를 해야 하나? 고민이 된다. 큰아이를 키우며 당황스런 질문에 대처하는 방법을 하나 터득했다. 그것은 다시 되묻는 것이다.

"너는 어디로 간 거 같은데?"

이러면 대부분의 아이는 엉뚱하지만 자기의 생각을 이야기한다. 한 가지 더 알게 된 것은 아이가 질문을 할 때는 보통 자기만의 생각을 가지고 묻는다는 것이다. 우리 아이는 이렇게 말했던 것으로 기억한다.

"산 너머로 넘어 갔지, 그리고 봄을 불렀지."

"왜?"라고 묻는 질문에도 아이에게 "왜 그런 거 같은데?"라고 되묻는다. 그러면 신기하게도 아이는 자신이 생각하고 있던 답을 한다. 질문이 폭발하는 아이가 있다면 한번 시도해보길 바란다. 그러면 아이의 질문을 외면했던 내 마음이 한결 편해진다.

아이가 스스로 자기 호기심을 생각하고 탐색할 수 있도록 시간을 주자. 아이는 스스로 탐구해서 알아낸 깨달음으로 호기심은 더욱 자라고 스스로 생각하고자 하는 습관이 길러진다. 스스로 해결하지 못하는 질문에는 조금 더 답에 쉽게 접근할 수 있도록 생각의 물꼬를 터주면 된다.

"이런 게 아닐까? 넌 어떻게 생각해?"

그냥 아이에게 "원래 그런 거야."라고 하거나 "아빠 오면 물어보자."라고 하는 것은 아이에게 생각할 기회도 주지 않고 질문을 외면하는 처사다. 그런 경험이 자주 쌓인 아이는 점점 호기심을 잃게 된다.

부모의 답이 정말 필요한 경우에는 아이가 이해할 수 있는 쉬운 설명을 하기 위해 고생해서 머리를 짜낼 필요는 없다. 자전과 공전의 이치로 아이에게 계절을 설명해야 한다면 사실대로 이야기해주면 된다.

"지구는 동그란데 하루에 한 바퀴를 돌아. 그래서 아침이 오고 밤이 오는 거야. 지구는 살짝 기울어져서 태양 주위도 도는데 일 년에 한 바퀴를 돌지. 그래서 봄, 여름, 가을, 겨울이 생기는 거야."

조금 더 큰 아이의 경우라면 "겨울이 어디로 갔어?"라는 엉뚱한 질문을 하는 경우는 드물다. 하지만 계절이나 밤, 낮에 대한 설명을 필요로 한다면 주먹이나 지구본, 손전등 등을 이용하는 것이 좋다. 추상적이었던 설명을 실제로 보여주면 좀 더 쉽게 이해시킬 수 있으며, 학습 효과는 덤으로 가져갈 수 있다. 궁금했던 것을 알게 된 아이는 궁금증을 해결하는 과정에 흥미를 갖게 된다. 그러면 아이의 탐구력과 호기심은 더욱 쑥쑥 자라게 된다.

책 표지 질문으로 호기심 키우기

호기심은 창의력을 키우기 위한 가장 좋은 재료이다. 이 호기심이 발동하는 경우는 여러 경우가 있지만, 책을 읽는 활동을 통해 호기심에 발동을 걸 수 있다. 이런 호기심에 발동을 거는 것은 부모의 역할이다. 책을 통해 호기심을 자극하고, 자극된 호기심을 해결해주는 것 말이다.

책을 통해 호기심을 키울 수 있는 방법은 질문이다. 질문은 아이의 잠들어 있는 호기심을 깨울 수 있다. 책을 읽고 그냥 덮어버린다면 아이의 상상력도 함께 닫혀버린다. 아이와 함께 책을 읽을 때는 아이가 생각할 수 있는 질문을 해보자.

나는 아이와 책을 읽을 때 책의 가장 뒤쪽의 독후 활동 부분보다는 앞 표지에 더 시간을 할애한다. 표지의 그림과 제목을 보고 아이와 이 책에 어떤 이야기가 숨어 있을지를 이야기한다. 간단한 독서 전 활동이지만, 아이의 호기심과 상상력을 자극하기에는 충분하다.

사실 아이들은 어떤 이야기가 전개될지에 대해 자세히 얘기하지 못한다. 하지만 "어떤 이야기가 있을까?"라는 한마디만로도 아이의 머릿속에는 온갖 이야기가 떠오른다. 책 제목만 보고도 이야기가 추측되는 경우에는 빨리 읽어달라고 조른다. 하지만 잘 추측이 되지 않을 때는 앞 표지의 그림과 책의 뒷면 그림까지 보려고 책을 뒤집어가며 이야기를 생각한다. 생각보다 시간이 오래 걸려서 이제는 책을 읽어주려고 해도 아이들이 만류하여 책을 펼치는 일이 한참 걸리는 경우도 있다. 책을 읽을 땐 자기 생각에는 이럴 줄 알았다면서 두 아이가 신나게 조잘댄다. 처음 읽는 책에 호기심과 흥미를 줄 수 있는 방법이다.

호기심은 새로운 사람을 만나거나 낯선 환경 또는 여행을 하거나 새로운 일을 할 때 생겨난다. 항상 어떤 호기심을 일으킬 수 있는 새로운 환경을 만들어주거나 새로운 친구를 만나게 할 수 없다. 그렇기 때문에 독서를 통해 그 호기심을 깨울 수 있도록 해주어야 한다. 그렇다고 호기심을 키우는 독서법에 특별한 무엇이 있는 것은 아니다. 책표지를 보며 이야기를 상상한다. 책을 읽으며 궁금한 것에 대해 질문한다. 질문한 내용을 탐구하며 궁금증을 풀어간다. 책을 읽고 난 후, 책 속의 상황과 주인공을 떠올려보며 아이에게 "만약 그 상황이라면? 주인공이라면?"이라는 질문을 던져주는 것으로 아이와 책 속의 이야기에 공감대를 만들어 준다. 그리고 이런 활동을 통해 재미를 준다.

아이들은 모두 호기심을 가지고 있다. 그 호기심을 일깨워주는 것이 부모의 몫이다. 방법은 간단하다. 아이의 질문을 회피하지 않는 것. 그것이 아이의 호기심에 대응하는 최소한의 방법이다. 책은 아이가 갖고 있는 호기심의 싹을 틔워주는 길이며, 질문은 호기심을 키워주는 양분이 된다. 이렇게 자란 호기심은 창의력 사고라는 열매를 맺게 할 것이며, 이것은 미래 사회에 아이가 살아가는 데 꼭 필요한 열쇠가 될 것이다.

우리 아이 호기심 확장시키는 법!

① 그림, 표지 등을 보고 책 내용 추리해보기

② "원래 그래.", "나중에."라는 말은 하지 않기

③ "왜?"라는 질문을 역으로 돌려주기

④ 설명 전에 먼저 생각할 수 있도록 도와주기

⑤ 이론이나 사실에 대해서는 정확히 설명해주기

★ 아이를 위한 책

『책 읽어주세요, 아빠!』

자신이 잠들기 전에 아빠가 책 읽어주는 시간을 가장 좋아하는 주인공이지만, 주인공의 아빠는 책을 읽어주다가 중간에 멈추고는 한다. 어느날 잠들려는 주인공에게 누군가 말을 걸어오고, 이후 이야기는 꿈속에서 여행하는 주인공이 끌어간다. 아빠를 아이와 책을 함께 읽을 수 있도록 이끄는 계기가 되는 책이다.

★ 부모님을 위한 책

『엄마의 독서학교』

취학 전 아이들과 독서하는 노하우가 담긴 책이다. 실감 나는 사례와 그림으로 술술 읽히는 책이다. 처음 아이에게 책을 읽어줘야겠다는 생각은 드는데 엄마도 책 읽기가 어색하고 서툴다면 이 책을 권한다.

02 정답이 없는 질문을 자주 하라

"질문이 정답보다 중요하다. 만약 곧 죽을 상황에 처했고,
목숨을 구할 방법을 단 1시간 안에 찾아야만 한다면,
1시간 중 55분은 올바른 질문을 찾는 데 사용하겠다.
올바른 질문을 찾고 나면,
정답을 찾는 데는 5분도 걸리지 않을 것이다."
– 알버트 아인슈타인

창의적으로 아이를 키우는 질문

"질문하라!"

이것이 5,000년 유대교육의 비밀이다.

미국의 유대교 신학자 겸 랍비이면서, 주로 대한민국과 일본에 탈무드 해설가로 널리 알려진 마빈 토케이어가 한 말이다. 유대인은 전 세계 인구의 0.25%에 불과하지만, 노벨상 수상자의 1/3을 차지할 만큼 뛰어난 인재를 배출하고 있다. 그 이유는 무엇일까? 바로 토라와 탈무드에 바탕을 둔 신앙 교육 덕분이다.

유대 가정에는 어려서부터 책을 읽고 토론하는 문화가 있다. 유대인이 많은 인재를 배출하는 이유이다. 그중 유대인 부모가 자녀 교육에서 가장 중요하게 생각하는 항목은 '질문'이다. 유대인 부모는 아이에게 질문을 자주 하도록 격려한다. 학교에서 돌아온 아이에게 "오늘 학교에서 무엇을 배웠니?"가 아닌 "무슨 질문을 했니?"라고 묻는다. 수업을 잘 듣는 것도 중요하지만, 궁금한 것을 묻는 게 더 중요하다고 믿는다. 마빈 토케이어는 질문과 토론, 그것이 유대 교육의 핵심이라고 말한다.

창의성 질문에 답해보고 아이에게 물어보라

면접을 볼 때 면접관은 면접자에게 질문을 한다. 기업은 혁신을 불러일으키는 창의적인 인재를 원하기 때문에 정해진 답이 없는 창의성 질문을 하기도 한다. 면접자를 당황시키고 대처 능력을 보기 위한 것이다. 창의력과 자율성을 강조한다는 구글의 면접장에서는 다음과 같은 질문이 나왔다고 한다.

"한 남성이 차를 몰아 들이받았고, 전 재산을 잃었다. 무슨 일이 벌어진 걸까요?"

정답이 없는 질문으로 면접자를 당황시키는 질문이다. 하지만 이런 질문에도 창의력이 높은 사람은 당황하지 않고 논리적으로 답할 수 있다. 당신이라면 어떤 답을 하겠는가?

마이크로소프트사에서는 아이에게 물어봐도 좋을 것 같은 다음과 같은 질문을 했다.

"투명 인간과 날으는 것 중 한 가지 초능력을 얻을 수 있다면 무엇을 선택할 것인가요?"

이 질문에 합격한 사람은 뭐라고 대답했을까?

"저는 투명 인간을 선택하겠습니다. 그러면 공짜로 날아다닐 수 있으니까요."

요즘 시대의 아이들은 지면 시험보다는 인터뷰, 즉 구술시험으로 평가받는다. 수행 평가나 발표 수업 등이다. 이런 시대에 자신을 어필하려면 누군가 만들어놓은 틀을 깨고 창의적으로 문제를 해결해나가는 능력을 키워야 한다. 또한 설득력 있는 커뮤니케이션 능력도 중요하다.

저녁 잠자리에 들기 전, 아이들에게 동화책을 읽어 준다. 동화책의 가장 뒤쪽에는 아이와 함께 생각해볼 수 있는 독후 활동을 위한 질문이 있다. 그런데 여전히 대부분의 질문은 책의 내용을 잘 이해하였는지 확인하는 데 그치는 질문이 많다. 아이 스스로 독서에 대한 견해가 없던 시절, 큰아이에게는 유명한 전래 동화인『토끼의 재판』을 읽어주곤 이런 질문을 했다.

"호랑이가 자기를 구해준 나그네를 어떻게 하려고 했지?"
"호랑이와 나그네는 두 번째로 누구에게 물어보기로 했지?"

이런 질문은 아이의 암기력이나 이해력을 테스트하는 일에 그친다. 대부분의 아이들은 책을 읽어주는 잠깐 사이에도 암기력이 뛰어나기 때문에 쉽게 답을 한다. 하지만 이런 정답이 있는 질문보다는 대화를 주고받으며 이끌어나갈 수 있는 질문이 좋다. 이젠 아이 스스로 조금 더 독서에 대한 견해와 통찰이 자랐다고 판단될 때, 작은아이에게 한 질문이다.

"호랑이가 안 잡아먹는다고 해서, 호랑이 말만 믿고 나그네가 호랑이를 풀어줬네. 나그네는 어떤 사람이야?"
"착한 사람이야. 불쌍한 호랑이를 구해줬잖아."

"그런데 호랑이가 다시 잡아먹으려고 해서, 토끼가 도와준 덕분에 다시 우리에 가둘 수 있었어. 근데 호랑이가 다시 구해달라고 하는데, 이번에는 나그네가 그냥 가버렸네. 나그네는 어떤 사람일까?"

"음……. 근데 호랑이가 나그네를 구해줬는데 잡아먹으려고 했잖아. 그러니까 호랑이가 나빴지."

"그치, 호랑이가 나빴지. 근데 호랑이를 구해줬다가 다시 우리에 넣었다가 한 나그네는 착한 사람이야?"

"약속을 잘 지켜야지. 아! 호랑이를 꺼내주기 전에, 호랑이가 잡아먹을 수도 있으니깐, 호랑이가 나왔을 때 잡아먹으려고 하면 집어넣을 수 있는 함정을 만드는 거야. 호랑이가 거짓말하면 다시 벌을 받을 수 있게."

호랑이를 구해준 나그네가 착한 사람이라고 말하는, 호랑이를 다시 가둔 나그네를 나쁜 사람이라고 말할 수 없는 6살 아들과 나눈 대화이다. 아이는 자기 말이 모순될 때를 금방 알아차린다. 그래서 자기가 나그네라면 어떻게 이 위기를 모면할지에 대해 생각한다. 미리 위험에 대비하기 위해 나그네가 준비해야 할 행동을 이야기한다.

좋은 질문에는 정답이 없어야 한다. 다양한 형태의 답이 나올 수 있는 그런 질문을 해야 한다. 아이가 낸 답을 추려서 새로 질문을 내고, 생각지 못한 답들로 사고의 영역을 확장시킬 수 있는 그런 질문이어야 한다.

아이와 단둘이가 아니라 유치원처럼 여럿이 함께 모였을 때는 서로 자신이 생각한 답을 말하게 하면서 자연스레 토론으로 이끌 수 있다. 아이들은 다른 아이가 생각한 답과의 차이에서 '아! 저렇게 생각할 수도 있구나!'라고 느낄 수 있어야 한다. 좋은 질문은 상호적인 소통이 가능한 방법이어야 한다.

사고력과 논리력이 자라는 질문의 힘

내가 초등학교 시절에 학교에서 했던 토론시간이 생각난다. 주제는 1989년에 개봉한 영화 〈행복은 성적순이 아니잖아요〉에서 따온 것이었다. 선생님은 "행복은 성적순일까?"라고 칠판에 적었다. 성적순이라고 생각하는 학생은 왼쪽에 아니라고 생각하는 학생은 오른쪽에 앉게 했다. 그리고는 그 이유를 이야기해보도록 했다. 나는 성적순이 아니라고 생각하는 쪽에 앉았다. 하지만 내가 이야기할 차례가 되었을 때는 성적순이라고 생각하는 왼쪽으로 옮겨 앉았고, 왜 옮겨왔는지에 대해 이야기를 했다. 당시 선생님께서 크게 박수를 쳐주신 기억이 난다. 내가 자리를 옮긴 이유는 이랬다.

행복이 성적순이라고 한 아이들은 대부분 이렇게 말했다.

"공부를 잘해야 성공하고 훌륭한 사람이 되고 행복할 수 있어요."

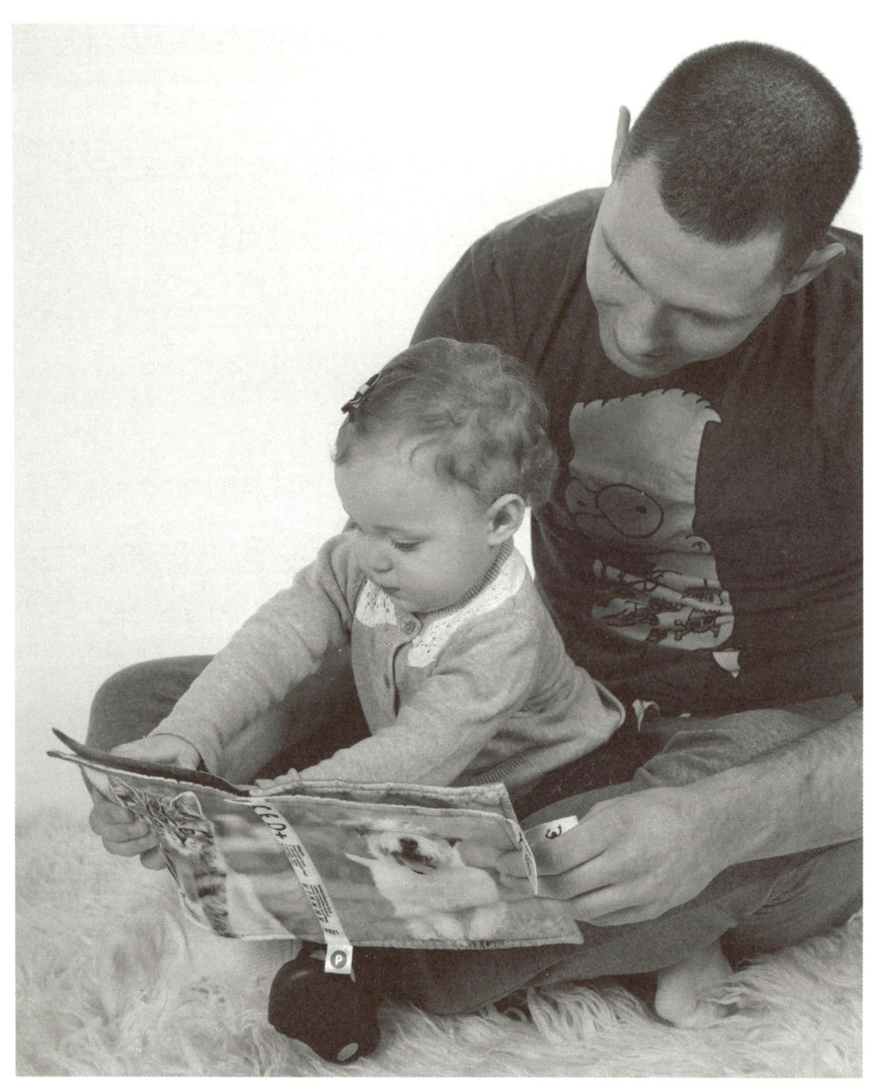

좋은 질문은 정답이 없어야 한다.
다양한 형태의 답이 나올 수 있는 그런 질문을 해야 한다.

행복은 성적순이 아니라고 한 아이들 중 한 여자아이가 바로 뒤이어 말했다.

"공부는 못해도 돼요. 커서 공부 잘하는 남자를 만나 결혼하면 나도 행복해질 수 있어요."

그렇게 이야기가 흘러가는 사이에 나는 행복을 성적순으로 나누는 것에 대한 이야기를 하는데 왜 남자, 여자로 나누어야 하는 것인지 이해하지 못했다. 그래서 나는 자리를 옮겨 여자도 공부를 잘해야 한다고 했다. 공부를 잘해서 훌륭한 사람이 되어 행복해지는 것이라면 남자뿐만 아니라 여자도 그래야 한다고 말했다. 그래서 우리는 여기서 함께 공부하는 것이라고.

지금 생각해봐도 초등학교 2학년의 내 생각이 참 기특하다.

교과 학습이나 수학에는 정답이 있다. 하지만 독서를 통해 아이와 주고받는 대화에는 정답이 없다. 그러기에 질문에는 힘이 실린다. 사고력과 논리력을 기를 수 있다. 책만 읽어주는 부모에서 벗어나자. 이제 책을 통해 질문하는 부모가 되자. 자녀와 함께 다양한 책을 읽고 질문을 만들고 답을 찾는 과정에서 부모의 성장은 물론 아이의 호기심과 창의성까지 키워갈 수 있다.

일방적으로 말을 하는 독서와는 달리 질문하는 독서 활동은 아이들의 상상력을 자극하기에 더할 나위 없이 좋다. '예', '아니요'라고 말할 수 있는 질문이 아닌 아이가 자신의 의견을 표현하고 대화할 수 있는 정답 없는 질문을 하자. 아이의 상상력과 창의력, 논리력이 쑥쑥 자라고 있음을 느낄 수 있을 것이다.

우리 아이 호기심 확장시키는 법!

① 유치원, 학교에 다녀오면 "뭘 질문했니?"라고 묻기

② 전래 동화, 우화 등을 읽고 "등장인물이라면?" 질문하기

③ 모순, 딜레마 등 정답이 없는 질문하기

④ 찬성, 반대로 나뉘는 토론 활동하기

⑤ 질문은 꼬리를 물고 주고 받으며 이어나가기

★ 아이를 위한 책

『괴물들이 사는 나라』

엄마 말은 듣지도 않고 말썽만 부리는 아이가 괴물들이 사는 나라에서 괴물들과 지내다가 집으로 돌아오는 이야기다. 괴물 놀이를 좋아하는 유아들이 보면 좋아할 내용이다. 그림 속의 괴물들이 무척 귀엽다.

★ 부모님을 위한 책

『부모라면 유대인처럼』

내 아이를 세계 최강 인재로 키워내는 유대인의 탈무드식 자녀 교육에 대해 담고 있다. 꼭 유대인의 독서법이 아니더라도 기본적인 유대인의 교육에는 베갯머리 독서와 밥상머리 토론이 함께한다. 그 기본에 있는 유대인의 지혜가 담긴 책이다.

03 나눠 읽기로 집중력과 기억력을 키워라

"내가 성공할 수 있었던 것은
맹렬하게 몰두했기 때문이다."
– 코코 샤넬

나눠 읽기를 통한 역할극 효과

3살 차이가 나는 두 아이의 책을 읽어줄 때는 두 아이의 수준을 파악해서 책을 따로 골라 읽어주는 편이다. 하지만 함께 읽어줘도 부담이 없는 책이 있으니, 그것은 바로 전래동화이다. 할아버지가 들려주던 옛 이야기를 책으로 들려주는 것이기에 6살도 9살도 부담이 없다.

글 읽기가 빨리 잡힌 작은아이 덕에 가끔은 큰아이와 함께 나눠 읽기를 시도한다. 나눠 읽기는 책을 읽을 때 집중력을 높일 수 있는 방법 중

하나이다. 나눠 읽기를 하면 아이들이 딴짓을 하지 않고 책 안으로 빠져든다. 처음엔 부담스럽고 어렵지만 같은 책을 여러 번 반복해보면 결국 책 1권을 나와 내 아이들의 것으로 온전히 만들 수 있다.

두 아이와 책을 읽을 때, 나눠 읽기를 시도해도 좋겠다고 생각하는 책은 따옴표가 많은 책이다. 그중에서도 따옴표의 역할이 명확한 책을 골라 들었을 때 시도해본다. 이번에 작은아이가 들고 온 책은 『의좋은 형제』이다. 걸핏하면 싸우고 양보하지 않는 두 아이에게 한 번은 읽어줘야겠다 싶은 책이었는데 마침 아이가 가지고 왔다.

책을 열어 아이들에게 쭉 한 번 읽어주었다. 책을 읽다가 보니 책 속의 등장인물은 한 형제와 엄마였다. 우리집과 똑같았다. 해설과 각 등장인물의 대사가 명확했다.

"우리, 형 부분은 성재가 읽고, 동생 부분은 정재가 읽어볼까? 엄마가 엄마 부분이랑 다른 부분 읽을게."

새로운 읽기 방식에 아이들은 조금 신이 난 것 같다. 아이들 각자에게 역할을 주고 차례대로 읽어나갔다. 한 번 읽었던 책이기 때문이 이미 아이들은 그림도 본 상태이고, 이야기의 흐름도 파악한 상태이다.

엄마 : 햇볕이 쨍쨍 내리쬐는 여름날, 형제는 잠시 일손을 멈추고 새참을 먹었어요.

동생 : "형님, 이것 좀 드세요."

형 : "아니다, 나보다 네가 많이 먹어야지."

엄마 : 형제는 떡 하나도 주거니 받거니 하면서 서로에게 양보했어요.

이렇게 읽었더니 흐뭇했다. 내 아이들이 이렇게 양보하는 말을 하다니. 아이들 또한 자기들이 한 대화에 서로 눈을 한번 쳐다보더니 쑥스러운지 배시시 웃는다. 이야기가 진행될수록 아이들은 동화책의 주인공이 된 양 더욱 집중해서 배우답게 소리 내고 연기하며 읽는다. 집중해서 읽는 일에 도움이 되면서도 내용을 좀 더 쉽게 이해하고 역할극까지 할 수 있으니 일석이조의 효과다. 형제간의 협동심도 느낄 수 있었다.

나눠 읽기는 반드시 한 번 먼저 읽은 뒤에

대화 형식을 빌려서 책을 읽기 때문에 발음이나 말투를 느끼며 읽는 것에도 도움이 된다. 글자 자체를 읽게 되면 연음이나 된소리 등을 놓칠 수 있는데 대화로 읽다 보면 자기가 편한 발음으로 읽게 된다. 그러다 보면 자연스럽게 우리가 학교 다니며 외우던 연음법칙이나 된소리 법칙 등을 익힐 수 있다. 아이가 어려워하는 받아쓰기에도 도움이 된다.

이런 식의 나눠 읽기를 할 때 주의할 점은 처음부터 나눠 읽기를 시도

하는 것이 아니라는 것이다. 한 번 내용을 읽고 이해한 후에 시도해야 한다. 그래야 아이들이 책 내용에 몰입하여 글자에만 집착하지 않을 수 있고, 전체적인 이야기 흐름에 집중하며 읽어 나갈 수 있다. 초등학교 저학년일수록 더욱 그렇다. 하지만 글 읽고 이해하는 게 수월한 아이라면 처음부터 나눠 읽는 방법이 내용에 집중하는 데 더욱 효과적이다.

시냅스를 자극하는 나눠 읽기 독서법

읽기 습관을 잘 들인 아이는 대화체가 많지 않은 책이라도 나눠 읽기가 가능하다. 부모와 한 페이지씩 나눠 읽거나 한 문장씩 나눠 읽는 것이다. 이 방법은 아이의 책에 대한 몰입도가 높아진다. 약간의 긴장감을 가지고 몰입하게 되는 독서법으로, 조금 산만한 아이의 경우에 집중력을 기르는 데 도움을 줄 수 있다.

사람은 선천적으로 책을 읽을 수 없는 뇌 구조를 가지고 있다고 한다. 그래서 독서를 하기 위해서는 기존에 구성된 뇌 신경을 독서할 수 있는 형태로 재구성해야 한다. 사람의 뇌는 여러 영역으로 나뉘어 있는데, 독서는 모든 영역을 넘나들며 자극을 주고 뇌를 활성화시킨다.

이 이야기는 책을 읽으면 사람은 먼저 눈으로 글자의 형태를 파악하여 시각 자극부터 시작하여 책 속의 장면이나 인물을 상상하고 창조하는 과정을 거친다는 것이다. 즉, 책을 읽는다는 건 뇌의 모든 영역을 사용하여 사고 능력을 향상시킨다는 것이다. 뇌를 발달시키는 가장 기본적인 활동에 독서가 들어간다.

또 한 가지, 인간의 뇌는 뉴런과 시냅스로 이루어져 있다. 이 뉴런은 뇌의 세포 단위이고 시냅스는 뉴런을 연결하는 고리이다. 시냅스는 외부의 자극으로 늘게 되는데, 독서는 시냅스 생성을 도와 기억력을 증진시켜주고 사고 발달에 큰 영향을 미칠 수 있다. 시냅스 발달의 차이가 사람의 기억력과 사고력에 영향을 준다는 것이다.

시냅스를 자극해서 기억력을 증진시킬 수 있는 독서법으로 아이와 책의 앞부분과 뒷부분을 나눠 읽기를 추천한다. 아이가 앞부분의 내용을 읽고, 엄마가 뒷부분을 읽는다. 그리고 부모가 읽은 뒷부분 이야기를 아이에게 들려준다. 아이는 자신이 읽은 부분과 엄마가 들려주는 뒷부분 이야기를 머릿속으로 이어본다.

다음에는 앞과는 거꾸로, 아이가 먼저 자기가 읽은 부분을 이야기한다. 그리고 엄마가 뒷부분을 이야기한다. 이때도 아이는 이야기 흐름을 머릿속으로 그려보게 된다. 이런 활동을 통해 아이는 엄마에게 이야기해주기 위해 자신이 읽은 부분을 더 기억하고 바로 표현하려고 노력하게 되는데, 바로 이때 시냅스가 자극된다.

조금 더 큰 아이라면 1/4씩 나눠서 아이가 1번째, 3번째 부분을 맡고,

엄마가 2번째, 4번째 부분을 맡아서 읽는 것이다. 이야기를 읽으면서 중간 부분의 이야기를 상상하게 되고 나머지 부분의 이야기를 들으며 자신이 읽은 부분을 기억 속에서 꺼낸다. 기억 속의 이야기와 듣고 있는 이야기를 연결하는 과정을 통해 사고력을 향상시킨다.

아이와 함께 책을 즐겁게 읽으면서 집중력과 기억력을 기를 수 있는 나눠 읽기 방법을 사용해보자. 앞서 이야기한 나눠 읽기를 할 때는 글자를 눈으로 보고 시각에 자극을 주고, 소리 내어 읽기를 하기 때문에 입과 혀를 자극한다. 엄마나 형제가 읽어주는 부분을 듣기 때문에 청각을 자극하여 뇌의 여러 부분을 자극하기 때문에 뇌 활성화가 쉽게 일어난다.

책의 전체 내용을 나눠 읽을 때도 마찬가지다. 시각을 자극하여 글을 읽는다. 읽는 내용을 상상하고 그 뜻을 이해하는 활동을 거친다. 그 후에 입으로 정리된 내용을 이야기한다. 나머지 부분의 내용은 청각을 사용하여 들음으로써 다시 이야기를 머릿속에서 연결해야 한다.

이렇듯 복합적인 자극은 두뇌를 자극하고 활성화시키며 기억력을 증진시킨다. 이는 좌뇌와 우뇌의 능력을 한 번에 향상시킬 수 가장 효과적인 방법이라 할 수 있다. 우리 아이의 집중력과 기억력을 향상시키면서도 가족 모두 함께할 수 있는 나눠 읽기를 해보자. 기억력이 점점 떨어진다고 걱정하기도 하는 부모의 기억력도 붙잡을 수 있고, 가정의 화목도 기대할 수 있다.

① 따옴표(" ")별 역할이 분명한 책 고르기

② 몇 차례 읽어서 이야기가 익숙한 책 고르기

③ 역할을 나누어 연극하듯 몰입해서 생동감 있게 읽어보기

④ 해설 등의 나머지 역할은 어른이 읽어주기

⑤ 또 다른 방법! 1권의 파트를 나누어 번갈아서 읽고 맡은 내용

　　설명해주기

★ 아이를 위한 책

『어제 저녁』

유쾌한 아파트에 사는 헝겊 인형들이 주인공으로 나온다. 이 책은 병풍 형태로 만들어져서 앞쪽을 읽을 때와 뒤쪽을 읽을 때에 따라 주인공들을 보는 느낌이 달라진다. 아이와 수수께끼를 맞춰가듯 아파트 이웃들을 찾아갈 수 있다. 병풍처럼 아이를 둘러싸고 놀이도 할 수 있다.

★ 부모님을 위한 책

『책벌레 선생님의 아주 특별한 도서관 1, 2』

초등 저학년이 읽어야 할 40권의 책 목록을 소개하며 책 읽는 방법을 풀어쓰고 있는데, 사실 이 책은 어린이들을 위한 책이다. 하지만 부모가 읽어보기를 권한다. 아이와 어떤 방식으로 책을 읽어야 할지에 대한 사례가 잘 들어있기 때문이다.

04 듣기와 읽기 간격을 유지하라

"조급히 굴지 말아라.
행운이나 명성도 일순간에 생기고 일순간에 사라진다.
그대 앞에 놓인 장애물을 달게 받아라.
싸워 이겨 나가는 데서 기쁨을 느껴라."
– 앙드레 모로아

듣기와 읽기가 말하기와 쓰기의 기본이 된다

아이를 키우면 어느 부모에게나 공통적으로 찾아볼 수 있는 기억에 남는 일이 있다. 아이를 키우며 엄마가 불러 주는 노래 소리에 귀를 기울였을 때, 아이가 눈을 맞추며 처음 옹알이를 했을 때가 그럴 것이다. 처음으로 엄마, 아빠라는 말을 했을 때의 감격도 잊을 수 없을 것이다. 아이가 길가를 지나다가도 간판을 읽어 나갈 때, 처음으로 "엄마, 아빠 사랑해요."라는 편지를 받았을 때도 언제인지 또렷할 만큼 잊지 못한다.

이런 일련의 과정을 살펴보면 아이가 언어를 습득하는 과정을 알 수 있다. 아이는 듣고, 말하고, 읽고, 쓰는 순으로 언어를 습득한다. 엄마의 말을 듣고, "엄마"라는 말을 내뱉고, "바나나"라는 단어를 읽고 곧 연필도 잡고 쓸 수 있게 된다. 그 과정을 통해 하나의 언어를 습득하게 되는 것이다. 그중 듣기와 읽기의 중요성에 대해서 이야기하고자 한다. 또한 그 듣기와 읽기에 적절한 간격 두기를 강조하고 싶다.

듣기가 되어야 말을 할 수 있다. 읽기가 되어야 의미 있는 말을 글자로 쓸 수 있게 된다. 이것을 조금 더 분류하면 듣기와 읽기는 인풋 활동이고, 말하기와 쓰기는 아웃풋 활동으로 볼 수 있다.

요즘 시대는 자기 의견을 제대로 말하고 표현하는 능력이 절대적으로 필요한 시대이다. 그래서 말하기와 쓰기에 치중하여 교육하고 있는 것이 현실이다. 하지만 인풋이 없이는 아웃풋도 없는 법이다.

조리 있게 말하기를 잘하려면 잘 듣고 공감하는 능력이 필요하다. 또한 생각에 있는 내용을 글로 표현하려면 잘 읽고 이해하는 능력이 필요하다. 즉, 듣기와 읽기를 통해 생각하는 힘을 기르고 좋은 배경 지식을 습득해야 좋은 말하기와 쓰기를 할 수 있는 것이다.

아이의 읽기 독립에 여유를 가져라

듣고, 말하고, 읽고, 쓰는 과정을 통해 언어 습득이 이루어진다. 요즘 부모들은 아이가 읽는 것이 가능한 때부터 스스로 읽으라고 강요할 뿐, 부모가 책을 읽어주는 활동은 멈춘다. 엄마가 읽어주던 책의 내용과 스스로 읽는 책의 내용은 차이가 없다. 하지만 아이가 느끼는 책에 대한 감동과 재미에는 엄청난 차이가 있다.

듣는 독서를 할 때는 그림도 볼 수 있고, 머릿속에서 엄마가 들려주는 이야기를 그려보고 상상해볼 수도 있다. 하지만 글을 읽으면서 하는 독서는 머릿속에서 해야 할 일이 너무 많다. 글자를 읽어야 하고 해석해야 하고 이해해야 한다. 꼭 처음 보는 미로 속에 갇혀 지도 1장 없이 미로 찾기를 하듯 복잡하다.

어느 정도 독서 습관이 잘 잡히고 말하기와 쓰기에 능숙한 아이라면 미로 찾기 과정이 힘들지 않고, 오히려 재미로 느껴질 수 있다. 하지만 그렇지 못한 경우에는 미로 속에 갇힌 듯한 막연한 두려움이 든다. 따라서 미로 찾기에 흥미를 가질 수 있도록 처음에는 부모가 손을 잡고 아이와 함께 미로를 빠져나와야 한다. 따라서 성급히 듣기와 읽기를 분리하려고 하면 안 된다. 적당한 간격을 유지하며 읽기 독립을 시도해야 한다.

나는 9살이 된 큰아이에게도 여전히 책을 읽어주려고 노력한다. 잠자리 책은 물론이고 엄마가 책을 읽어주길 원할 때면 피치 못할 사정이 있지 않는 한에는 읽어준다. 점점 책 읽어주기를 줄여나가야 할 테지만 고학년이 될 때까지는 되도록 시간을 내어 읽어줄 예정이다.

우리 아이는 이미 독서 습관이 들어 있다. 하지만 아직 자신의 생각을 조리 있게 말하거나 글짓기에는 서툴다. 일주일에 2번 쓰는 일기도 버거워 한다. 내용 또한 아직은 성글다. 이런 아이를 혼자 읽고 이해하도록 둘 수 없다. 또한 그냥 두고 보면 책을 읽고 내 것으로 만든 것인지 아니면, 그냥 책을 소비한 것인지 알 수 없다.

아이의 읽기 독립 수준을 잘 관찰하라

가끔 내가 책을 읽어주면 눈으로 같이 글을 따라 읽고는 다음 장으로 빨리 넘기라고 하는 경우가 있다. 대부분은 글이 짧아서 그러기도 하지만, 1권을 5번 정도로 나눠 읽어야 하는 책을 읽을 때도 그런다. 그럴 때는 책을 덮고 아이가 읽은 내용을 확인한다. 빨리 읽었어도 내용을 이해했다고 판단하면 아이에게 책 읽기를 맡긴다. 하지만 읽은 내용을 제대로 이해 못하고 이야기에만 치중하여 빨리 읽는 경우에는 책을 덮는다.

빨리 읽는 것도 중요하지만 책이 뜻하는 내용을 이해하고 공감하는 것도 중요하다. 아직 초등학생이라면 다독, 속독보다는 정독이 중요하다고 생각한다. 어른이 되면 필요한 정보를 빨리 캐치하기 위해 많은 책을 빨리 읽어야 하는 경우가 생긴다. 하지만 초등학생이라면 아직 그만큼 속도를 내어 많은 정보를 빨리 얻을 필요는 없다.

아이가 책 내용을 내 것으로 만들고 소화시킬 수 있도록 꾸준히 엄마의 목소리로 책을 들려주자. 잘 말하는 것만큼이나 잘 듣는 능력도 중요한 인생 덕목 중 하나이기 때문에 잘 듣고 공감할 수 있도록 아이의 읽기 속도를 조금 여유 있게 가져가자.

읽기 위해서는 처음에 자음과 모음을 암기하고 조합의 원리를 배우고 이해해야 한다. 그리고 그것을 자연스럽게 익힐 수 있어야 한다. 그것이 바로 학습^{學習}이다. 아이들에 따라 각각 수준과 속도는 다르겠지만, 대부분의 아이들은 7세가 되어야만 학습이 가능하다고 한다. 이 학습이 가능할 때 비로소 한글을 배울 준비가 되는 것이고 더욱 빠르게 이해할 수 있게 된다.

읽기는 또한 단순히 글자를 아는 것만으로 되는 게 아니다. 기본적으로 어휘력이 받쳐줘야 독해가 가능하다. 어느 정도 이상의 의미 파악이 함께 되어야 진정한 읽기가 될 수 있다. 이는 읽거나 듣는 것에 비하면 훨씬 어렵다. 이런 어려운 읽기를 주로 듣기만 하던 아이에게 갑자기 혼자 하라고 하면 아이는 부담을 느끼고 책 읽기 자체를 거부할 수 있다.

아이의 수준을 고려하여 천천히 읽기 독립을 진행해야 한다. 우선 읽기 독립은 당연히 쉬운 책부터 진행하는 것이 좋다. 7살에 시작한다고 해서 엄마가 읽어주던 7살 수준의 책으로 읽기를 시도하면 아이는 어렵게 느낄 수밖에 없다. 글 양이 적고 이해하기 쉬운 책을 골라 혼자 읽기를 시도할 수 있도록 도와주자. 7살 수준의 책은 여전히 엄마가 들려주지만, 혼자 책 읽기를 쉬운 책으로 시작하고나면 어느 날 자기 나이에 맞는 수준을 찾아 갈 수 있게 될 것이다.

책을 소비하는 독서가 아니라 책과 인연이 되는 독서

내가 어릴 적에 우리 부모님은 항상 바쁘셨다. 그래서 비교적 한글을 빨리 깨우친 나는 읽기 독립이 빨리 이루어졌다. 워낙 책 읽기를 좋아했기 때문에 혼자서도 척척 책을 읽었다. 그 덕분인지 책을 속독하는 것에 익숙하다. 일명 '포토 리딩'을 한다. 그러다 보니 에세이나 재밌는 소설책 같은 경우는 하루에도 몇 권을 읽어낸다. 하지만 그것에 아주 큰 맹점이 있다. 당시에는 재미있어서 읽은 내용이 며칠만 지나도 잘 기억나지 않는다는 것이다.

감동과 재미가 오랜 여운을 가지지 못한 채로 사라진다. 소설이나 에세이는 그렇다 쳐도 자기 계발 책이나 지식 습득을 위한 책들을 읽을 때도 속독을 하다 보니 다 읽고, 또 읽고를 계속하는 경우도 많다. 고등학생 시절에 수능 시험을 볼 때는 속독하고 문제 푸는 것은 언제나 자신 있었다. 빨리 글을 읽고 문제를 이해하고 푸는 데는 그동안의 독서가 한몫을 했었다. 하지만 내가 책으로 얻은 정보와 지식은 오래가지 않았다. 잠시 내 뇌를 스치고 지나간 것뿐이다.

지금은 중요한 책에 되도록 한 줄 한 줄을 읽으며 밑줄도 긋고 생각을 정리해서 여백에 쓰기도 한다. 필요할 때는 필사를 할 정도로 정독을 한다. 그래서 요즘 내 책은 책장이 많이 접히고 여기저기 메모지가 붙고 곳곳에 줄이 많이 그어져 있다. 이 행동이 어렸을 적에 부모님의 목소리로 듣지 못한 책의 빈자리를 메꾸는 시간이 된다. 이제야 책을 소비하는 것이 아닌 책과의 인연을 만들어가고 있는 중이다.

우리 아이에게도 성급히 읽기를 시키는 것이 아니라 수준에 맞게 듣기와 읽기 간격을 두고 가자. 부모가 급하다고 해서 충분한 시간을 들이지 않고 혼자 읽기를 재촉하면 아이는 단순히 책을 읽을 뿐, 독해 능력은 떨어질 수 있다. 단순히 읽는 것이 아니라 이해하고 의미를 파악하는 독서를 해야 한다. 그런데 이야기에만 치중하여 책을 대충 읽게 되면 무엇을 이야기하는 것인지 생각해보지 않아서 깨닫지 못하는 경우도 생긴다.

부모가 생각하기에 혼자 읽기가 가능하다고 하더라도 지금 읽는 책이 아이가 이해할 수 있는 수준보다 높다면 직접 소리 내어 꾸준히 책을 읽어주자. 수준 높은 책을 혼자 읽게 둘 때보다 부모의 목소리로 함께 읽어줄 때 더 많은 것을 얻을 수 있다. 그러다보면 어느 순간에는 아이 스스로 자기 수준에 맞는 책을 찾아 혼자 읽는 때가 올 것이다.

05 시 낭송으로 표현력을 길러라

아이가 표현하는 모든 것을 격려하자

표현이란 생각이나 느낌 따위를 언어나 몸짓 따위의 형상으로 드러내어 나타내는 것을 말한다. 표현력이 뛰어난 사람을 보면 말을 능수능란하게 한다. 어쩜 똑같은 표현을 하더라도 그렇게 고급지고 구성지게 표현하는지 모른다. 그런 사람들의 이야기를 듣고 있자면 나도 모르게 푹 빠지고 만다.

발레나 뮤지컬 또는 마임을 하는 사람들을 보면 말로도 힘든 것을 손가락 끝마디까지 섬세히 움직이며 표현한다. 감탄을 금할 수 없다.

요즘 아이들을 보면 '말 잘하는 아이들'이 많다. 얼마나 논리 정연하게 말을 하는지 어른인 나조차도 반문 못하게 만드는 경우도 허다하다. 우리 아이도 자신의 논리와 생각이 자라면서 엄마의 이야기에 반문을 하기도 한다. 예전 같으면 버릇없다고 치부했을 아이의 이야기를 곱씹어보면 내 생각이 어리석었다는 생각이 들 때가 많다.

아이의 이야기가 엉뚱하다고 무시하거나 가로막아버리면 아이의 표현력은 떨어진다. 내 아이는 어디 가서나 자기의 의견을 당당히 말하는 아이로 키우고 싶다. 예전에 유명한 CF 속 한 장면처럼 모두가 "예!"라고 할 때 당당히 "아니요!"를 외칠 수 있는 그런 사람으로 성장하길 바란다. 그러니 아이의 엉뚱하고 기발한 표현에도 귀를 기울여줄 필요가 있다.

아이의 말이 틀렸다고 바로 고치지 마라

둘째를 낳고 골반 교정을 위해 마사지를 받으러 갈 때 큰아이를 데리고 다녔다. 큰아이는 여의도까지 가는 버스 안에서 입을 한시도 가만두지 못했다. 그런 아이와 버스에서 내려 걸어가는데 화단에 쭉 예쁘게 분재되어 있는 소나무들이 눈에 들어 왔다. 전날 자연 관찰 책으로 소나무에 관해서 읽었던 터라 확인도 할 겸 아이에게 물었다.

"성재야, 어제 저 나무들 책에서 봤지? 저 나무가 무슨 나무였더라?"

아이는 아주 반갑게 그 나무 밑으로 다가가서 쭉 쳐다보더니 말했다.

"엄마, 송아지 나무다. 송아지 나무."

아이는 반달 같은 눈을 하고서 자기가 맞췄다며 자랑스러워했다.

이를 어쩌나. 송아지 나무라니……. 하도 어이가 없어서 웃음부터 나왔다. 전날 읽은 책 속 소나무는 2층 건물만큼 키가 큰 나무였다. 하지만 4살의 아이가 본 길가의 소나무는 내 키보다도 작은 나무였다. 며칠 전부터 개의 아기는 강아지, 소의 아기는 송아지, 닭의 아기는 병아리를 몇 번이고 묻고 확인하더니 작은 소나무를 송아지 나무라고 한 것이다.

그날 바로 아이에게 소나무라고 바로 잡아주진 않았다. 그냥 그렇게 작은 소나무를 송아지 나무라고 했다는 자체가 기발했다. 한 번 틀리면 어떤가? 어차피 조금 더 자라면 송아지 나무가 아닌 소나무라는 것은 알게 될 텐데. 다만 당장 틀렸다고 바로 잡아주면 아이는 항상 정답만을 말하기 위해 정확히 알고 있다고 생각하지 않으면 우물쭈물할 것이다.

어른 중에도 자기 의견을 잘 표현하지 못하는 사람들이 많다. 자신의 의견이 무시당하거나 놀림거리가 될까봐 걱정하기 때문이다. 이렇게 된 이유는 어릴 적에 자신의 표현을 무시당한 경험이 마음 한 편에 자리 잡고 있기 때문인 경우가 많다. 자신의 의견을 피력하고 관철시키기 위해서는 우선 표현을 할 줄 알아야 한다. 표현할 줄 아는 사람으로 키우기 위해서는 아이의 표현을 격려해줘야 한다.

한번은 아이들과 에버랜드에 놀러갔다. 한창 엄마, 아빠 손을 놓고 뛰어다니던 때라서 한시도 아이에게 눈을 뗄 수 없었다. 주변의 사물이나 사람들은 보이지 않았다. 그때 큰아이가 바닥에 쭈그리고 앉았다가 일어났다를 반복했다. 그리곤 아빠에게 손가락으로 바닥을 가리키며 말했다.

"아빠, 번개 그림자다."

"응? 번개 그림자?"

아이가 가리킨 바닥은 그냥 평범한 콘크리트 바닥이었다. 그 바닥을 계속 손가락질하며 번개 그림자라고 외쳤다. 왜 번개 그림자냐고 물어보니 엉덩이를 하늘로 올린 채 바닥에 손가락을 대고 그림을 그리는 듯 뒷걸음질을 쳤다. 자세히 보니 바닥에 금이 가 있었다. 여러 갈래로 갈라진 바닥의 금을 손으로 다 짚으며 그리는 것을 본 뒤에야 아이의 말을 이해할 수 있었다.

매 주말 아침이면 아이는 EBS에서 하는 〈번개맨〉을 즐겨본다. 번개 표시만 봐도 환호성을 지르며 "번개맨!"을 외친다. 번개를 알고 있는 것은 번개맨 때문일 것으로 짐작했다. 하지만 어떻게 그림자를 알고 있지? 나중에 집에 와서 아이가 꺼내놓은 책을 보고 알았다. 그 책은 바다 탐험대 옥토넛의 『그림자 바다』라는 그림책이었다.

아이가 좋아하는 만화 캐릭터가 나오는 책이라 무심코 사주었는데 〈번개맨〉과 『그림자 바다』의 조합으로 번개 그림자라는 표현이 나온 것이다.

책을 양서로만 읽히고 싶었다. 하지만 종종 서점에 가면 만화캐릭터를 중심으로 한 책들도 많이 나와 있다. 어쩔 수 없이 가끔 한두 권을 사주곤 했는데, 이런 책조차도 아이의 기억에 남아 기발한 표현에 더해질 수 있다니…….

말하기 쓰기의 기초를 다지는 시 낭송

초등학교 저학년 때, 글로 표현하는 활동은 고작해야 일기 쓰기 정도였다. 그러나 학년이 올라갈수록 자신의 생각을 글로 써야 하는 일이 잦아졌다. 글쓰기의 시작은 좋은 글 많이 읽기다. 어릴 때부터 꾸준한 독서로 글쓰기 기초 실력을 다지지 않으면 좋은 글을 쓰거나 조리 있게 자신의 의견을 말하는 것이 힘들어진다.

아이 독서에 대한 전문 서적이나 칼럼을 보면 표현력을 기르는 좋은 독서 습관으로 고전 읽기를 꼽는다. 그 이유는 이렇다. 좋은 글을 읽는 것부터 좋은 글쓰기나 말하기가 시작된다는 것이다. 하지만 초등학교에 들어가지 않은 어린아이에게 고전 읽기는 쉽지 않다. 물론 고전 읽기가 가능한 수준이라면 나 또한 고전 만큼 검증된 책이 없다고 생각한다.

나는 아이의 표현을 키우기 위한 다른 한 가지 방법으로 시 낭송을 추천한다. 운율에 맞춰 시를 낭독하고 시적인 표현을 접하면서 아이의 표현력은 날로 발전한다. 어른도 시 하나쯤 외우고 있다가 적당한 자리에서 낭송하면 사람이 달라 보인다. 아이 또한 마찬가지다. 시를 낭독하는 아이를 바라보고 있으면 다른 책을 읽고 후기를 이야기하는 것보다 더 뿌듯하다.

아이들과 윤동주의 서시를 프린트해서 벽에 붙여두고 읊었다. 식탁 앞에 붙여놓은 시는 식사 시간에 고급진 반찬이 되어주었다.

(중략)
별을 사랑하는 마음으로
모든 죽어가는 것을 사랑해야지
그리고 나한테 주어진 길을 걸어가야겠다.

오늘 밤에도 별이 바람에 스치운다.

쭉 읊던 아이들은 제일 마지막 문장에서 고개를 갸웃한다. "스치운다"의 뜻이 무엇인지를 묻는다. '스친다'의 시적인 표현이다. 아이의 볼에 내 손등을 살짝 스쳐본다. 그리곤 이런 느낌이 "스치운다"는 거라고 알려줬다. 별과 바람이 스치는 밤의 식사시간이었다.

시처럼 함축적인 표현을 일반적인 책에서는 찾기 힘들다. 설명적인 어조로 글을 쓴 책을 자주 읽는 아이라면 가끔은 시를 낭독해보는 것도 좋다. 시와 같은 낭만적 표현뿐만 아니라 운율에 맞춰 이야기하는 방법도 하나의 독창적인 표현법이 될 수 있다.

표현력이 자라는 독서법이라고 크게 따로 있지는 않다. 표현이 좋은 책이나 글을 읽고 그 표현을 내 것으로 만드는 것이 중요하다. 자기의 생각과 느낌을 표현했을 때, 어른의 잣대로 무시하거나 그 자리에서 곧바로 잡지 않는 것 또한 중요하다. 어릴 적부터 표현하는 자유 속에서 자란 아이는 커서도 자신의 의견을 마음껏 표현할 수 있고 생각을 발산할 수 있게 된다.

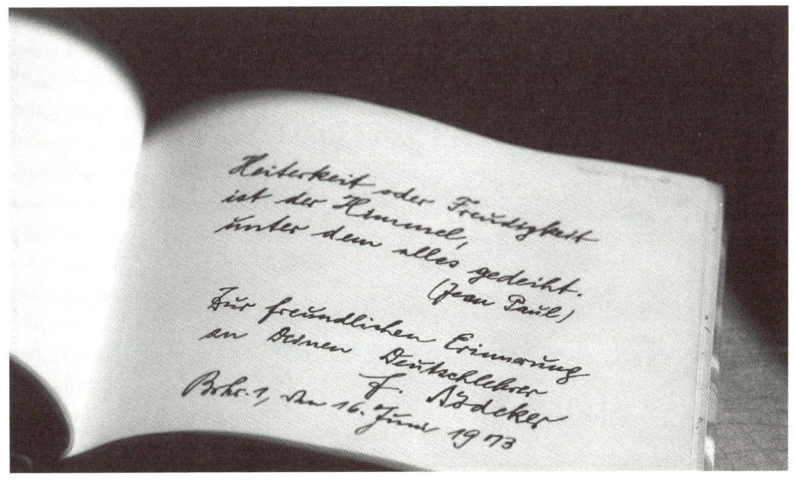

★ 아이를 위한 책

『내 멋대로 아빠뽑기』

아빠 캠프에 가기로 한 날, 자장집을 하는 아빠 대신 뽑기를 통해 원하는 아빠를 뽑아 캠프에 참가하는 이야기이다. 결국 아무리 멋진 아빠라도 나를 진심으로 아끼고 사랑해주는 아빠는 우리 아빠밖에 없다는 이야기로, 아빠를 소중히 생각하게 된다.

★ 부모님을 위한 책

『책 읽는 엄마 책 먹는 아이』

엄마도 책을 읽고 아이도 책을 읽는 방법이 들어 있다. 그리고 아이와 함께하는 독서 지도 방법과 독후 활동이 소개되어 있다. 엄마도 책을 읽어야 한다는 중요성부터 강조하고 있기 때문에 책 읽기가 힘든 엄마라면 마음 가짐을 잡기 위해 읽어보길 권한다.

06 상상력과 생각의 크기를 넓혀라

> "훌륭한 독서가가 되지 않고는 참다운 지식을 갖출 수 없다.
> 나는 평일에는 최소한 매일 밤 1시간, 주말에는 3~4시간의
> 독서 시간을 가지려고 노력한다.
> 이런 독서가 나의 안목을 넓혀준다."
> – 빌 게이츠

꿈을 현실로 데려가는 상상력

얼마 전 타임머신에 대한 동화책을 잠자리 책으로 읽어주었다.

"엄마, 근데 정말 타임머신이 있어?"

"글쎄, 아직 엄마는 타임머신 만들었다는 이야기는 들어본 적이 없는데, 나중에 네가 커서 만들어보면 어때?"

우리 아이는 신이 나서 그러겠다고 했다. 나는 웃으며 말했다.

"나중에 타임머신을 만들면 꼭 지금 이 순간으로 돌아와서 엄마를 만나줘."

그랬더니 며칠 후, 남은 일을 하느라 열심히 컴퓨터 타자를 두드리고 있는 내게 아이가 시무룩하게 다가와 말했다.

"엄마, 나는 아무래도 타임머신을 못 만들었나봐."

자신이 타임머신을 만들었으면, 엄마와 책을 읽을 때, 거기에 미래의 자기가 왔어야 하는데 엄마와 자기만 있었다는 이야기다. 어디서 그런 논리가 나왔는지! 시무룩한 아이의 얼굴보다는 그 논리적 생각에 굉장히 놀랐다.

아이와 책을 읽을 때는 책의 주인공 또는 주제에 아이를 대입시켜서 묻고 답하곤 한다. 주인공을 아이로 만들어서 읽어주고, 역사책의 경우에는 아이가 그 시대에 있었으면 어땠을지 묻는다. 꿈과 생각을 함께 심어주는 방법이다.

아이의 생각은 곧 상상력이다. '내가 만일 OO라면?', '내가 만약 거기에 살았더라면?'과 같이 지금 나에게 일어나지 않은 일을 상상해보는 것이다. 상상력이 클수록 아이의 꿈도 커지고 이룰 수 있는 목표의 수도 많아진다. 생각하지도 못한 성공을 이루는 사람보다 상상으로 계속 그려왔던 꿈을 이루는 사람이 훨씬 많다. 그 상상력은 꿈을 기한이 있는 목표로 만들어준다. 아이가 하는 생각의 크기가 클수록 이룰 수 있는 꿈의 수도 많아진다는 뜻이다.

우리 아이는 타임머신을 못 만든 것 같다고 시무룩해했다. 하지만 나는 타임머신을 만들겠다는 꿈에는 한 발, 아니 열 발은 다가갔다고 생각한다. 타임머신이 시간을 여행할 수 있는 기계라는 것을 알게 되었고, 아직 타임머신을 만든 사람이 없다는 것도 알게 됐다. '내가 타임머신을 발명한다면?'처럼 더 많은 생각을 할 수 있게 되었고, 타임머신이 발명된다면 어떤 일이 일어날지에 대해서도 생각하게 되었다. 자신이 타임머신을 못 만든 것 같다는 결론을 내렸지만, 그 사실은 중요하지 않다.

성공한 사람들의 이야기를 다룬 자기 계발서에서 성공의 크기는 한계 없이 펼치는 생각의 크기에 따라 정해진다고 말한다. 생각의 크기만큼 미래도 꿈도 성공 여부도 달라진다.

매일매일 똑같고 무료한 일상을 사는 사람은 생각의 크기와 틀을 바꾸기 힘들다. 아이도 마찬가지다. 매일 학교를 오가고 학원에 다녀오고 숙제를 하고 일기를 쓰고 잠자리에 드는 일상만으로는 틀에 박힌 생각밖에 할 수 없다. 그렇다고 매번 여행을 가고 새로운 경험을 할 수 있게 도와주는 일은 너무 힘들다. 이와 같은 생활의 한계를 깨줄 수 있는 것이 바로 책 읽기다. 책에는 무궁무진한 세상이 들어 있다. 또한 여러 작가의 생각과 생활이 들어 있다. 이 넓은 세상과 생각의 바다를 여행할 수 있도록 도와주자.

고정 관념으로 아이의 상상력을 막지 마라

매년 4월이면 과학의 날 행사의 일환으로 과학 상상 그리기 대회가 열린다. 우리 큰아이도 학교에서 과학 상상 그리기를 했다. 아이와 이야기를 나누기에 바빴던 나는 아이의 그림 실력도 잘 몰랐다. 사교육을 받지 않는 우리 아이가 그리는 그림은 집에서 가끔 크레파스로 스케치북에 끼적끼적하는 것이 다였다.

미술 학원에 다니는 아이들은 학원에서 미리 어떤 그림을 그릴지 그려 보기도 하고 엄마랑 연습도 했다고 한다. 조금 걱정이 되었지만 그래도 그림 실력보다는 어떤 주제로 그림을 그릴까 하는 생각에 기대되었다. 며칠 뒤, 동네에서 만난 엄마들의 이야기를 들으니 잘 그린 아이들은 상을 받았다고 한다. 우리 아이에게는 듣지 못한 이야기다.

엄마들은 스마트폰 속에 저장되어 있는 아이들이 그린 그림을 돌려보았다. 대부분의 아이들의 그림은 공룡, 우주, 바다 속이었다. 그림 그리는 실력에는 차이가 있었지만 주제는 모두 일률적인 것이 내가 초등학교 다닐 때와 다르지 않았다. 그럼에도 나는 우리 아이가 그린 그림을 다른 엄마들에게 보여줄 수 없었다. 그림 실력이 중요한 게 아니었다. 아이가 그려온 그림은 설명 없이는 주제를 알기 어려웠다.

결국 아이에게 물어보고 나서야 알았다. 아이가 그린 그림은 인간 복제기였다. 아니 그 많은 과학 주제 중에 상상하기도 끔찍한 인간 복제기라니! 조금 당황스러웠다. 그림 설명을 보니 사람이 한 명씩 어떤 상자 속에 들어가면 두 명이 되고 세 명이 되어 나오는 그림이었다. 왜 이런 그림을 그렸는지 물어 봤다.

"엄마, 내가 돼지고기를 좋아하잖아요. 그래서 돼지를 어떤 기계에 넣고 복제를 하면 돼지 한 마리가 두 마리가 되고 세 마리가 되면 내가 많이 먹을 수 있잖아요? 그러다가 이 복제기에 사람이 들어가면 어떻게 될까 생각했어요."

아이는 복제기를 만들고 싶었던 것이다. 그 생각은 자기가 좋아하는 고기를 많이 먹을 수 있는 방법을 생각하는 중에 나온 것이었다. 아이의 이야기를 듣고는 정말 멋진 상상력이라고 머리를 쓰다듬어주었다.

어찌 보면 아이의 상상력은 조금은 무서운 상상력이다. 하지만 이런 느낌은 생각의 틀에 박힌 어른들의 고정 관념에서 비롯된 것이다.

상상력의 크기가 성공의 크기를 좌우한다

〈쥬라기 공원〉과 〈이티E.T.〉를 만든 영화감독 스티븐 스필버그는 유대인 가정에서 태어났다. 스필버그는 호기심이 많은 장난꾸러기였다. 어떤 날은 온몸에 붕대를 감고 밖으로 나가 "나는 미라다!"고 외치며 아이들을 놀라게 하기도 했다. 스필버그는 또 여동생들에게 무서운 이야기를 들려주는 것을 좋아했다. 친구들은 이런 스필버그를 외면했다. 하지만 스필버그는 상상 속의 생각들을 영화로 만들었고 유명한 감독이 되었다.

스티브 잡스 또한 마찬가지다. 스티브 잡스의 어릴 적, 학교에서 폭발 사고가 일어났다. 책에서 본 과학 실험을 직접 하다가 일어난 일이었다. 학교에서는 부모님을 모셔오라고 했다. 스티브 잡스의 양부모는 혼을 내기는커녕 어떻게 그런 원리를 알았는지 물어보며 대단하다고 격려해주었다. 과학에 관심이 있던 잡스의 방은 항상 온갖 책과 실험과 탐구를 위한 잡동사니로 가득 했다. 스티브의 양부모는 산만하지만 자유분방한 그가 자신의 재능을 펼칠 수 있도록 격려와 지원을 아끼지 않았다고 한다.

우리 아이의 인간 복제기라는 상상력은 과학자가 되겠다고 열심히 읽은 과학 책에서 비롯되었다고 생각했다. 하지만 내가 아는 한 우리 집에는 복제기와 관련된 책이 없다. 아이의 상상력은 그간 읽은 과학책과 다양한 동화책과 만화책, 잡지 등의 결합물이다.

엉뚱하기만 한 우리 아이의 산만함과 상상력은 지금 당장은 걱정되긴 한다. 하지만, 미래의 스티븐 스필버그나 스티브 잡스가 되기에 충분하다고 생각한다. 그래서 나는 아이를 믿고 지지하기로 했다. 나가서 뛰어노는 것보다 집안에서 쪼그려 앉아 책 읽기를 좋아한다. 쓰레기통을 뒤져 재활용품을 테이프로 칭칭 감아서 이상한 장난감을 만든다. 그런 활동들이 모여 아이의 미래를 만들 것으로 믿고 조급해하지 않기로 했다.

생각의 크기는 상상력에서 비롯되고, 생각의 크기는 아이가 성공할 크기와 비례한다고 믿자. 아이와 책을 읽을 때는 아이의 생각의 크기를 키우는 데 초점을 맞추자. 단순히 지식 전달만을 위한 책 읽기는 아이에게는 너무 재미없다. 기왕이면 상상의 나래를 펼칠 수 있게 도와주자. 그것으로 재미를 주자. 책 속에 들어가 책 속의 인물도 되어보고, 책 속의 시대에도 들어가서 살아보자. 모든 상황을 반대로 바꿔보자.

아이의 책 읽기는 날로 재밌어지고 생각의 크기는 쑥쑥 자라날 것이다. 부모의 틀에 박힌 낡은 고정 관념은 버리고 아이의 넓은 시야로 책과 세상을 바라보자. 자신을 믿어주는 부모와 함께하는 아이는 얼마나 행복할까?

★ 아이를 위한 책

『산타할아버지가 우리할아버지라면』

산타 할아버지가 우리할아버지라면 하고 싶은 것들을 적어놓은 책이다. 조부모와 함께하는 아이나 할아버지와의 사이가 서먹한 아이가 읽으면 좋겠다.

★ 부모님을 위한 책

『푸름아빠의 아이 내면의 힘을 키우는 몰입 독서』

아이를 사교육 없이 영재로 키워낸 푸름이네가 전하는 아이를 위한 맞춤 독서법이다. 아이가 행복한 영재로 자랄 때에 부모의 역할이 얼마나 중요한지에 대해 알게 한다.

07 책 속에서 꿈을 찾게 하라

꿈이 없는 아이, 꿈이 많은 아이

언제부터인가 사회는 꿈이 없는 청소년들에 대해서 걱정하기 시작했다. 가장 꿈이 많아야 할 나이의 청소년들이 학업에 시달리다 보니 꿈보다는 성적을 좇고 있다. 안타깝다. 그래서 2015년부터 진로교육법이 정식으로 시행되었고, 초·중·고등학교에 진로 교사를 배치하고 진로 적성 검사 및 진로 상담을 하고 있다. 진학 중심의 교육이 진로 중심의 교육으로 변하고 있는 것이다.

진로를 탐색할 수 있는 직업 체험 학교나 직업 체험 기관들이 생겨나기도 한다. 우리 아이들도 방학이면 직업 체험 기관에 한두 번 다녀온다. 30분가량을 기다려 20분 정도의 체험을 하고 나온다. 아이들이 선호하는 소방서나 경찰, 의사와 같은 체험은 1시간을 넘게 기다려야 하는 경우도 있다.

큰아이는 마술이나 자동차 정비와 같은 것에 관심을 갖고 체험했고, 작은아이는 식품 제조업에 관심을 갖고 참여했다. 이 시간을 통해서 자신이 원하는 직업을 찾고 탐구할 수 있으면 좋으련만, 그러기에는 터무니없이 짧은 시간이다.

부모라면 모두 마찬가지겠지만, 나 또한 우리 아이들이 무엇이 되고 싶은지, 무슨 일을 하고 싶은지 궁금하다. 그래서 어느 날은 스마트폰을 들고 아이들에게 물었다.

"너희는 커서 무엇이 되고 싶니?"

"왜요?"

큰아이는 잠시 생각하더니 줄줄이 하고 싶은 것을 읊기 시작했다. 나는 스마트폰으로 아이가 하는 말을 다 받아 적었다. 그러니 더 신이 나서는 빈칸 채우는 숙제라도 하듯이 계속 이야기했다.

"나는 과학자, 개그맨, 연예인, 장난감 만드는 사람, 집 짓는 사람, 부자, 아프리카 사람을 도와주는 사람, 경찰, 소방관, 편의점 사장, 아이돌,

컬링이 취미인 사람, 공룡 화석 캐는 사람, 동물 파는 사람……."

수도 없이 "음……, 음……." 소리 내며 생각나는 대로 하고 싶은 것들을 이야기했다. 그에 질세라 작은아이도 이야기했다.

"경찰, 소방관, 치과 의사, 버스 운전기사, 택시 운전기사, 일본 경찰, 편의점 사장님, 스티브 잡스, 야구 선수, 쇼트트랙 계주 선수, 다이소 만든 사람, 우주 정거장 만드는 사람, 이사 가는 사람, 우주선 운전하는 사람, 택배 배달해주는 사람……."

수도 없이 자기가 아는 한에서 직업이란 직업을 다 쏟아냈다. 아이들이 이야기한 되고 싶은 사람의 목록을 쭉 보니, 아이의 현재 관심사와 아이가 알고 있는 것들이 보였다. 당시는 2018년 평창 동계 올림픽이 끝난 지 얼마 되지 않은 시점이었고, 아이들은 한창 얼음판 위에서 벌어지는 스포츠에 관심이 쏠려 있을 때였다. 또한 큰아이와 작은아이의 목록을 비교해보면 3살 차라는 나이의 경험치가 보인다. 경찰, 소방관으로 시작하는 작은아이의 꿈 목록에 비해 큰아이의 목록은 조금 더 구체적이고 심도 있어 보인다.

진로를 탐색한다는 것은 두 아이의 경험치 차이와 같이 모르는 분야를 탐색해가고 알아가는 과정이다. 또한 더불어 자기 자신을 제대로 알아가는 과정이 합쳐져야 진정한 진로 탐색이라 할 수 있을 것이다. 경험을 통해서 모든 직업을 체험할 수는 없다. 세상에는 무궁무진한 직업이 있고 또 매일 새로운 직업이 생겨난다. 그렇기에 진로 교육과 독서를 떼어놓고 생각해 볼 수 없다.

쉽게 생각하는 진로 교육은 적성 검사를 통해 적합한 직업을 찾고 체험하거나 정보를 습득하는 방식이다. 하지만 현실 여건상 아이 개인의 특성을 고려하여 맞춤으로 진행하기는 어렵다. 따라서 독서를 통해 진로를 탐색하는 것이 필요하다. 독서 진로 탐색은 책 읽기를 통해 자신의 강점을 발견하고 직업 가치관을 세우고 해당 직업에 대한 인성도 보충할 수 있기에 기존 진로 교육의 한계를 보완할 수 있다고 '한국출판연구소'는 주장한다.

부모는 멘토, 독서를 통해 롤모델을 정하자

우리는 위인전이나 전기문을 읽으며 직업을 간접적으로 경험할 수 있다. 또한 직업 가치를 생동감 있게 느낄 수 있게 한다. 하지만 이런 진부한 방식으로는 미래의 진로 탐색에 대응할 수 없다. 그래서 부모는 아이가 탐구하고 있는 것을 깊게 탐구할 수 있게 도와주고 스스로 자신의 꿈을 찾아갈 수 있도록 해야 한다. 부모는 자녀가 하고 싶고, 되고 싶은 일을 하는 사람으로 키울 수 있는 누구보다도 좋은 선생님이다.

아이는 멘토를 통해 자신의 진로를 탐색하고 직업관을 갖추는 데 도움을 받는다. 이 멘토가 될 수 있는 가장 좋은 사람은 부모이다. 멘토는 아이가 찾고자 하는 것을 일깨워주는 조력자다. 아이의 꿈을 찾게 도와주는 나침반 같은 역할을 부모가 맡아야 한다. 또한 아이는 롤모델을 가지는 것이 좋다. 롤모델은 자신이 목표하는 곳에서 최고가 되어 본 사람이다. 그 롤모델을 동경함으로써 꿈을 간절히 바랄 수 있게 된다.

이 롤모델은 책을 통해서도 정할 수 있다. 책의 주인공 또는 책의 저자, 책의 등장인물을 롤모델로 정해서 자신의 꿈에 목표를 세우고 조금 더 구체적으로 진로를 탐색할 수 있다. 아이가 인생을 살면서 멘토와 롤모델이 있다는 것은 나침반과 등대가 있는 것처럼 자신이 가고자 하는 길에서 도움을 받고 정신적 지주로 삼을 수 있음을 뜻한다.

독서를 통해 우리 아이의 진로 탐색에 도움을 주고 롤모델을 선정할 수 있도록 도와줘야 한다. 어린아이일수록 꿈과 직업이 추상적이어야 한다. 그리고 다양해야 한다. 아이는 아이답게 꿈을 꿔야 한다. 부모는 그 꿈의 가치를 높게 바라봐야 한다. 그러기 위해서는 학업에 열중한 직업을 강요하는 것이 아니라 다양한 세계를 경험하고 다양한 꿈을 꿀 수 있도록 도와줘야 한다.

"엄마는 왜 회사에 다녀? 돈은 아빠도 벌어오는데……."

항상 엄마와 함께 있고 싶은 아이들의 질문이다. 이 질문을 받을 때마다 나는 엄마, 아빠가 돈을 벌기 위해서만 회사에 다니는 것이 아니라는 뜻을 전하고자 한다. 여태까지는 아이가 너무 어려서 그 뜻을 잘 이해하지 못했다. 그래서 쉽게 풀어서 이야기하고는 했다.

"엄마는 컴퓨터로 다리도 놓고, 건물도 지어. 그래서 사람들이 안전하게 다니고 집에서 살 수 있게 만들지. 아빠는 물을 만들어. 그래서 우리 가족이 모두 집에서 편하게 씻고 밥도 해 먹을 수 있는 거야."

작은아이에 비해 조금 더 성장한 큰아이는 추상적인 이야기를 구체적으로 해줘도 이해한다.

"엄마는 꿈이 있는 사람, 훌륭한 사람이 되고 싶어. 그래서 학교 다닐 때도 공부를 열심히 했고, 지금은 회사에 가서 일을 하는 거야. 세상에 보탬이 되는 사람이 되려고 말이야. 열심히 공부했으니깐 세상을 돕는 사람이 되어야지. 그래서 일을 하는 거야."

아이는 뭔가 알아들었다는 듯이 고개를 끄덕였다. 그리곤 그 뒤로는 엄마가 왜 일을 하는지에 대해서 묻지 않는다. 물론 여전히 우리 아이는 엄마가 회사에 안 가고 집에 있는 날을 기대하지만 말이다.

아이와 책을 읽으면 수많은 사람이 등장한다. 그리고 수많은 직업과 수많은 일이 펼쳐진다. 꼭 직업이 아니더라도 세상에 일어나는 일, 필요한 일들이 많다. 그 일들 모두 아이가 하고 싶은 일이 될 수 있고, 또한 그 일을 하는 되고 싶은 사람이 될 수 있다. 상상하는 것은 모두 일어날 수 있다. 아이가 더 큰 꿈을 꾸고 펼칠 수 있도록 틀에 박힌 진로 교육에서 벗어나야 한다. 상상하고 실천할 수 있도록 책을 통해 세상을 많이 보여줘야 한다.

진로란 한 개인이 일생 동안 일과 관련하여 거치는 모든 체험을 말한다. 진로 탐색은 내 아이가 거쳐야 할 일들을 미리 찾아 살피는 것이다. 미래 속 자신의 길을 찾아 살피는 것이기 때문에 직접 미리 경험하기는 어렵다. 그래서 책을 통해 미리 진로를 탐색할 수 있게 하는 것이다. 이미 그 길을 다녀간 사람들의 발자취를 들여다보거나 다가올 미래를 그려 보며 진로를 탐색하는 과정, 그것이 바로 독서다.

책 읽기 좋은 환경은
'책을 읽는 부모'다!

아이에게 가장 큰 영향을 미치는 요인이 부모라는 것은 누구도 부인하지 못할 것이다. 아이의 책 읽기에 가장 좋은 환경 요소도 바로 책을 읽는 부모다. 하지만 아이가 원한다고 책 읽는 부모를 가질 수 있는 것은 아니다. 그건 단순히 부모의 의지에 달렸다. 아이에게 책을 읽으라고 시켜놓고 감시하듯 앉아 스마트폰을 보거나, 똑바로 앉아서 읽으라고 잔소리만 하지 않았는가?

대학 시절, 나는 외가 거실에 앉아 삼촌이 보시던 신문을 펼쳐 보고 있었다. 당시 초등학교 저학년이던 사촌 동생이 말했다.

"언니는 남자도 아닌데 신문을 봐?"

누가 이런 편견을 저 조그만 아이에게 심어주었을까? 당시 여성, 남성을 나눠서 능력을 평가하는 부당한 사회에 불만이 있었던 나는 사촌 동생에게 똑바로 말해주었다. 신문이나 책은 남자만 읽는 것이 아니라 사람이라면 누구나 읽는 것이라고. 나와 동생의 대화에 얼굴을 화끈거리던 외숙모의 얼굴이 떠오른다.

이렇듯 아이와 가장 가까이에 있는 부모의 모습은 아이의 생각과 편견 속에 깊게 파고든다. 이 책을 읽고 있는 당신도 알 것이다. 나의 책 읽는 모습이 아이에게 미치는 영향이 크다는 사실을 말이다.

지금 아이의 손에 책이 들려 있길 원한다면 부모인 내 손에도 책이 들려 있어야 한다. 책을 좋아하는 아이는 부모가 책을 많이 읽어준 아이일 확률이 높다. 음악가 집안에서 음악 잘하는 아이가 나오고, 화가의 자녀는 그림을 잘 그릴 확률이 높다. 물론 유전적인 영향도 고려하지 않을 수 없다. 하지만 평소 노출된 환경의 영향 또한 무시할 수 없다. 음악가의 집에는 자주 음악이 흐를 테고, 화가의 집에는 미술 도구와 그림이 많이 보일 것이다.

책 읽기 좋은 환경은 따로 있는 것이 아니다. 책이 가까이 있는 환경이 좋은 환경이다. 책이 가까이 있고 난 다음에 조용한 환경과 안락한 의자, 편안한 조명이 책 읽기 좋은 환경을 더해주는 것이리라.

5장

내 아이를 빛나게 하는 독서의 힘!

1. 자녀 교육은 부모의 독서에서 시작된다.
2. 어떤 교육보다 독서 교육이 먼저다.
3. 독서 교육이 아이의 미래를 바꾼다.

01 독서는 참된 자녀 교육의 출발점이다

"쓸데없는 생각이 떠오를 때는 책을 읽어라.
쓸데없는 생각은 비교적 한가한 사람들이 하는 것이지
분주한 사람이 하는 것이 아니다.
한가한 시간이 생길 때마다 유익한 책을 읽어
마음의 양식을 쌓아야 한다."
– 윈스턴 처칠

시행착오를 겪어도, 엄마가 책을 읽자

어릴 적부터 나는 책 읽기를 좋아했다. 가정 형편이 그리 좋지 않았기에 여행을 간다거나 새로운 경험을 하는 것이 힘들었다. 그래서 모든 경험을 책에 의존하는 편이었다. 내 기억에 스스로 골라 가장 처음 읽은 책은 7살 때 엄마가 큰맘 먹고 사주신 『금성 대백과』 전집이었다. 두꺼운 아이보리색 양장으로 약 20권 정도 되었던 걸로 기억한다.

유치원에 다니지 않았던 나는 부모님이 하시는 과일 가게에 달린 방한 편에서 책을 읽었다. 아니 책을 읽었다기보다는 책과 온종일 놀았다는 표현이 맞다. 책에는 누구도 가르쳐주지 않은 덧셈, 뺄셈, 곱셈법이 있었고, 그림 영역에는 따라 그릴 수 있는 그림이 많았다. 만들기 영역에는 Y핀으로 꽂아서 관절을 움직일 수 있는 인형이 있었는데, 그 Y핀을 구하지 못해 속상했던 기억도 난다. 그렇게 시작한 책 읽기의 즐거움은 중·고등학교에 다니는 동안에도 계속되었고, 아이를 낳고 기르는 지금도 여전하다.

첫째 아이를 낳자 모든 것이 어색하고 불안했다. 아이를 낳기 전, 보통 엄마들은 아이를 낳는 순간이 두려워서 아이 낳는 꿈을 많이 꾼다고 했다. 하지만 나는 아이를 떨어뜨리는 꿈만 주구장창 꿨다. 그만큼 아이를 본다는 것이 무서웠다. 그 두려움을 없애기 위해 베이비 케어를 위한 육아서를 잔뜩 사다 놓고 읽었다. 책에는 용기를 주는 여러 가지 아기 케어 방법이 있었다. 하지만 진짜 아기는 책처럼 되지 않았다.

어떤 날은 아이를 아무리 어르고 달래도 울기만 했다. 육아서에는 우는 아이에게 비닐봉지 소리나 드라이기 소리를 들려주면 잠잠해진다고 했다. 따라해봤지만 소용이 없는 날이 더 많았다. 당시 가장 맹신하면서 읽었던 책이 『베이비 위스퍼 골드』라는 책이었다. 책에는 아기의 개월 별로 우유를 먹이는 시간이나 양에 대한 설명이 있었다. 또한 아기의 울음소리에 따라서 아기가 원하는 바를 알 수 있다고도 했다. 하지만 우리 아이는 달랐다.

배고파 우는 것 같아서 분유를 타주면 조금 먹고 잠들었다가 다시 울기를 반복했다. 어느 날은 너무 속상해서 아이와 같이 울며 친정 엄마에게 말했다.

"엄마, 애가 책처럼 안 돼."

우리 엄마는 그런 말을 하는 내가 안쓰럽기보다는 웃겼다고 한다. 9살, 6살 아이 둘을 키우고 있는 지금은 우리 엄마의 웃음이 이해가 간다.

시행착오를 겪었지만, 여전히 나는 육아서를 달고 산다. 주위의 엄마들은 나를 보고 "육아서 100권 읽은 엄마."라고 부른다. 책을 추천받아 빌려가는 엄마도 종종 있다. 아이를 키우면서 책에서 배운 지식과 실전 경험을 바탕으로 점점 진정한 엄마가 되어가는 것을 느낀다. 항상 옳은 엄마는 아니지만, 최소한 반성할 줄 아는 엄마라고 생각한다.

자녀를 교육하고자 한다면 책 읽기를 시작해라

책 읽기는 자녀 교육의 출발점이다. 아이의 책 읽기를 말하는 것이 아니다. 부모의 책 읽기를 말하는 것이다. 자녀를 키우고 교육하는 데 가장 중요한 것은 경험이다. 아무리 유아교육과를 나오고 교육 과정을 공부했다고 하더라도 아이를 직접 키워본 엄마보다 신뢰가 떨어지는 것이 사실이다. 아이를 키움에 있어서는 엄마의 경험만 한 것이 없다.

하지만 모든 엄마는 초보다. 1살 아이를 키울 때는 1살 아이의 초보 엄마고, 10살의 아이를 키울 때도 10살 아이의 초보 엄마다. 이 초보 엄마가 의지할 수 있는 경험은 미리 아이들을 키운 엄마, 아빠들의 경험이다. 그 경험을 바탕으로 만들어진 것이 육아서다. 육아서를 통해 간접적으로 미리 육아를 경험할 수 있다. 이 책에서 간접적으로 경험하는 것들이 바로 자녀를 어떻게 키우고 교육할 것인가에 대한 관점이 된다.

작가 김윤수 씨의 『행복한 영재로 키우는 엄마의 책 읽기』라는 책에는 "아이는 엄마가 키우고 엄마는 책이 키운다."는 구절이 있다. 엄마가 읽는 책의 힘이 얼마나 아이에게 영향을 줄 수 있는지가 느껴지는 문장이다. 아이를 키우면서 좌절하고 이 상황을 어떻게 대처해야 할지 모르겠는 경우가 많다. 아이의 모든 문제가 내게서 비롯된 것 같다는 생각이 들기도 한다. 아이 문제를 다른 사람에게 시시콜콜 이야기하며 도움받는 것도 힘들다. 돈을 주고 전문 기관을 이용하는 방법도 있지만, 가장 쉽게 문제를 풀 수 있는 방법은 책 읽기다.

책은 엄마의 안식처이자 상담가다

2013년 8월, 둘째 아이를 낳고 복직한지 2개월쯤 되었을 때다. 나는 모든 면에서 완벽하길 바라는 완벽주의자였다. 5개월 된 둘째와 4살 난 첫째의 엄마이자 한 남자의 아내였다. 아이들을 돌봐주시는 부모님께도 부족함 없이 해드려야 했고, 시부모님도 살뜰히 챙겨야 했다. 또한 회사에서 수시로 능력을 평가받는 직장인이기도 했다. 그 모든 역할을 다 하려고 하다 보니 마음이 많이 지쳐있었다. 우울했다.

그때 만난 책이 질 스모클러의『왜 엄마는 나에게 아이를 낳으라고 했을까?』였다. 그 책은 내 마음에 공감해주고 지친 나를 위로해주었다.

"경쟁하지 마라, 당신은 이미 꽤 괜찮은 엄마다."

"정신없이 하루를 보낸 내가 진정 원하는 것은 아주 간단한 것이다. 조용히 평화롭게 똥 눌 수 있는 것."

"떼쓰는 아이에게 사탕 하나 물려 조용히 시킨다고, 아이 이 닦이는 것을 잊어버리고 그냥 재운다고, 맥도날드 햄버거와 소금덩어리 감자튀김을 먹여도 난 괜찮은 엄마라는 것."

이런 말들이 내게 위안을 주었다.

나를 집착처럼 잡고 있던 완벽한 엄마에서 조금 떨어져 아이를 바라볼 수 있는 눈을 가진 엄마가 되었다. 미국의 작가가 쓴 책이지만 어딜 가나 엄마는 다 똑같은가보다. 육아에 지쳐 무언가 포기하고 싶은 생각이 든다면 이 책을 한 번 읽어보기를 추천한다.

책은 엄마인 나를 잠시 쉴 수 있게 해주는 안식처가 되기도 하고, 친절한 상담가가 되기도 한다. 안정과 여유를 가진 부모가 아이를 올바르게 이끌 수 있다. 자신을 돌아보지 못하고 아이만을 바라보며 산다면 엄마도 아이도 점점 힘들어진다. 아이만 책을 읽히고 공부를 시킬 것이 아니라 엄마도 자기 계발을 하고 책을 읽자.

다양한 책으로 내 아이에게 맞는 육아법을 찾는다

내 아이는 책처럼 되지 않았다. 책에서 말하는 육아는 내 아이에게 맞지 않는 경우가 많았다. 그래서 여러 가지 육아서를 읽어야 한다. 엄마도 아이와 같이 편집적으로 책을 읽는 것보다 골고루 다양한 책을 읽는 것이 좋다. 세상에는 똑같은 아이도, 똑같은 엄마도 없다. 다양한 책을 읽다가 보면 우리 아이를 키우는 데 도움이 되는 부분을 발견할 수 있다. 내 아이의 성향은 엄마인 내가 제일 잘 알기 때문에 책의 방법을 모두 맹신하지 말고 내 아이에게 맞는 육아법을 찾도록 하자.

나는 남편과 함께 육아법을 공유하고 소통하고 싶어 하지만, 맞벌이 부부인 우리에게 함께 육아 이야기를 나눌 기회는 잘 찾아오지 않는다. 그러다 보니 이동하는 차 안에서 이야기하는 경우가 많다. 아니면 내가 읽었던 육아서의 내용 중 좋았던 내용을 차에서 읽어주곤 한다. 그리고 의견을 나눈다. 이럴 때면 어김없이 아이들이 뒷자리에 타고 있다. 엄마,

아빠가 읽는 책의 내용과 이야기에 귀를 기울이고 있다.

처음엔 아이 앞에서 아이의 교육과 육아 방식에 대해 이야기하는 것을 꺼렸다. 왠지 그렇게 하면 안 된다고 생각했다. 하지만 그러다 보니 정말 남편과 소통할 기회가 없었다. 그래서 차 안에서 육아 토론을 시작하게 되었다. 아이가 듣고 있는 상황에서 나누는 이야기는 좀 더 신중하게 된다. 간혹 아이가 먼저 "그건 아니지." 하는 경우도 있다.

그럴 때면 이런 경우에는 엄마, 아빠가 어떻게 해주었으면 좋겠는지 아이의 의견을 묻는다. 9살이 된 아이는 자신의 의견을 소신 있게 말하고 우리는 그것을 분별하여 받아들인다. 그렇게 관철된 의견은 함부로 할 수 없기에 부모인 우리는 아이 앞에서 좀 더 신중히 행동하게 된다. 이것이 우리가 아이에게 맞는 육아법을 찾는 방법 중 하나다.

아이의 교육을 생각한다면 엄마부터 책을 읽어보자. 아이의 교육뿐만 아니라 엄마 자신에게도 많은 도움이 된다. 하나의 책이 인생을 바꿀 수 있다고 한다. 내게도 완벽한 엄마가 되려는 병을 버리고 좀 더 유연하게 아이를 바라볼 수 있게 만든 책이 있다. 내가 그랬듯, 당신도 서점에 가서 지금 당장 마음이 끌리는 제목을 가진 책 1권을 들고 오자. 아이와 나, 그리고 가정이 더욱 행복해지는 길이 열릴 수 있다. 책 읽는 엄마 옆에서 책 읽는 아이의 모습은 덤으로 얻을 수 있다고 자부한다.

★ 아이를 위한 책

『아주 특별한 여행』

바다에 가고 싶어 3년을 여행한 달팽이가 거인을 만나 단숨에 바다로 가게 된 이야기이다. 거인은 달팽이를 바다에 데려다주고, 달팽이는 거인에게 목표라는 것이 무엇인지를 알려준다. 아빠와 소리 내어 읽는 동화책이라는 시리즈물 중 하나로 아빠와 함께 꿈꾸게 만드는 책이다.

★ 부모님을 위한 책

『행복한 영재로 키우는 엄마의 책 읽기』

엄마의 책 읽기를 시작으로 아이와 가족의 미래가 바뀐다. 아이를 미래의 인재로 만들기 위해 책을 읽은 엄마가 독서를 통해 성장했음을 보여주는 책이다. 엄마도 책을 읽어야 한다는 것을 절실하게 적은 책이다.

02 초등 학습은 책 읽기가 전부다

"우리가 독서를 통해 지식을 늘려 나간다면,
우리의 무한한 가능성을 가로막을 사람은 아무도 없다."
− 벤 카슨

경쟁의 첫 관문, 초등학교 입학

아이가 초등학교에 들어갔다. 언제 이렇게 컸는지 마음이 뿌듯하고 뭉클하다. 아직 마냥 어리게만 보이는데 혼자 가서 잘할 수 있을지 걱정도 된다. 책가방과 실내화 가방을 고를 때는 그 어떤 것을 살 때보다 신중에 신중을 기한다. 아이의 체격에 맞는지, 무겁지는 않은지 따져본다. 그리고 또 엄마의 자존심을 대변하듯 값 비싼 브랜드의 책가방을 준비한다.

남의 눈을 의식하게 되는 경쟁의 세계로 들어가게 된다. 처음으로 받아쓰기라는 것을 하고, 곧 점수가 매겨진다. 받아쓰기를 보지 않는 학교가 많아졌다지만 그것이 아니더라도 아이들의 수준을 비교하게 된다. 발표를 잘하는 아이, 수업 태도가 좋은 아이, 그림 잘 그리는 아이 등 눈에 보이는 그 모든 것이 아이에게 등수를 매기는 잣대가 된다.

나 또한 아이를 학교에 보내면서 급한 마음이 들어 서점에서 수학 문제집을 하나 샀다. 우리 아이가 다른 아이들 다 잘하는 더하기, 빼기도 못하는 것은 아닌지 걱정됐다. 몇 문제 풀지 않아도 몸이 배배 꼬이는 아이를 보면서, 수업 시간 40분은 어떻게 앉아서 버틸지 걱정부터 되었다. 입학식 날에 본 교실이 30년 전 내가 다녔던 교실 풍경과 크게 다르지 않아서 다소 놀랐다. 일률적으로 줄맞춰 있는 책상과 의자, 교탁과 칠판.

입학식 다음날, 아이는 실내화를 신고 교문을 나왔다. 신발주머니를 잃어버려서 신발을 갈아 신지 못하고 나온 거다. 등교 첫날부터 덤벙거린 손자 덕에 할머니는 성치 않은 다리로 계단을 오르내리셔야 했다. 걱정이 태산이다. 저렇게 자기 것도 제대로 챙기지 못하는 아이가 학교생활을 잘할 수 있는 것인지, 수업 시간에 교과서는 잘 찾아서 보고 있는 것인지, 챙겨준 준비물은 제때 잘 꺼내서 쓰고 있는 것인지.

나만 우리 아이를 걱정하는 것은 아닐 거다. 학기 초, 학교 앞은 등교 시간과 하교 시간에 북적인다. 1학년 아이들의 수만큼 부모들이 함께 등교하고, 하교하기 때문이다. 하지만 이 복잡함은 한 달 내에 사라진다. 아이들은 등교 시간에 맞춰 혼자 잘 등교하고, 학교가 끝나면 정해진 방과 후 활동을 하거나 학원으로 간다. 걱정이 눈 녹듯 사라지는 것은 아니지만 부모인 나도 안정기가 온다.

함께 느는 것도 있으니, 아이 학습에 대한 조바심이다. 처음에는 학교만 잘 적응하고 잘 다녀줘도 감사했다. 하지만 아이가 잘 적응하고 있다고 판단되자 다른 아이들은 무엇을 배우는지, 우리 아이에겐 어떤 것을 더 가르쳐야 할지에 관심이 간다. 유치원 때까지 잘 읽어주던 책도 읽어줄 마음의 여유가 없다. 그러면서 서서히 책과 멀어지게 된다. 책 읽기는 학교 도서관에서나 하는 것쯤으로 여기는 경우도 있으니 안타깝다.

좌뇌와 우뇌를 골고루 발달시키는 독서

아이의 두뇌 발달에 조금이라도 관심이 있는 부모라면 좌뇌형, 우뇌형이라는 말을 들어보았을 것이다. 이 좌뇌와 우뇌가 골고루 발달해야 두뇌의 전반적인 능력이 향상된다고 한다. 좌뇌에는 언어 중추가 자리 잡고 있으며, 주로 논리적인 기능을 담당한다. 그래서 좌뇌가 발달하면 언어구사나 조리에 맞는 사고 능력이 뛰어나다. 우뇌는 창조적이고 예술적인 뇌로 정의된다. 우뇌가 발달하면 예체능이나 추상적 사고, 감각적 사고 능력이 뛰어나다.

우뇌는 보통 6세까지 발달하고 7세가 되면 퇴화하기 시작한다고 한다.

그래서 7세 이전에는 호기심이나 상상력을 키울 수 있는 놀이나 부모와의 스킨십이 중요하다. 문자 학습이 아닌 책 읽기와 놀이를 통해서 발달하는 우뇌를 자극시키는 일은 6세 이전에 이루어져야 한다. 7세 이전에 성급히 글자를 가르친다거나 학습을 시도한다면 발달하고 있는 우뇌를 억누를 수도 있다.

7세가 되면 좌뇌가 발달하기 시작한다. 때문에 글을 가르치는 일을 7세부터 시작하면 훨씬 안정적이고 빠르게 완성할 수 있다. 아이의 우뇌와 좌뇌의 발달 속도를 보면서 균형을 맞춰야 한다. 초등학교에 들어가면 발달 중인 좌뇌를 더욱 자극시켜야 한다. 그러면서도 6세까지 이뤄놓은 우뇌의 발달을 최대한 유지해주어야 한다.

보통 좌뇌를 자극하는 활동으로는 책 읽기를 꼽을 수 있다. 앞서 말했듯 어휘력과 논리력은 좌뇌를 자극해야 향상된다. 좌뇌가 발달하지 않으면 읽기, 표현하기, 계산하기 등에 어려움을 겪는다. 좌뇌가 위축된 상태가 계속되면 어느 순간부터 좌뇌는 적극적으로 활동하지 않게 된다. 그러므로 꾸준한 책 읽기를 통해 좌뇌의 활성을 도와야 한다.

좌뇌와 우뇌는 결코 각각 기능하지 않는다. 좌뇌가 담당하는 언어적인 능력과 우뇌가 담당하는 공간 지각 능력, 즉 이미지를 형상화하는 능력이 상호 작용하면서 서로 보완하는 역할을 한다. 이처럼 좌뇌와 우뇌의 상호 보완 작용을 도와주는 일이 바로 책 읽기다. 좌뇌에서 습득한 책의

균형을 맞춰 골고루 발달된 뇌에 지식 인자를 심어주었을 때,
그 지식이 싹을 틔우고 뿌리 깊게 자리 잡아
오래도록 잘 자랄 수 있게 되는 것이다.

내용을 이미지화하고 형상화하여 자기 것으로 받아들이고 표현할 수 있게 만들어주는 것은 우뇌이다. 좌뇌와 우뇌의 협동으로 이해력과 창의력이 발달하게 된다.

초등 학습이라고 하면 이 우뇌와 좌뇌를 골고루 쓸 수 있게 도와주는 것만으로도 충분하다. 이 우뇌와 좌뇌의 융합적 발달이 결국 중·고등학교를 비롯하여 평생 해야 하는 학습에도 영향을 미친다. 영양분이 고루 섞인 잘 갈아진 밭에 씨를 뿌리면 열매가 풍성하게 열린다. 이렇듯 균형을 맞춰 골고루 발달된 뇌에 지식 인자를 심어주었을 때, 그 지식이 싹을 틔우고 뿌리 깊게 자리 잡아 오래도록 잘 자랄 수 있게 되는 것이다.

1, 2학년 독서 습관이 학업 성적을 좌우한다

『초등 책 읽기의 힘』에서 저자는 선생님을 하면서 1, 2학년 때는 공부도 못하고 별다른 두각도 나타내지 못하는 아이들 중에 5, 6학년이 되자 성적도 최상위권으로 올라가고 모든 면에서 확 두각을 나타내는 아이들을 주목했다. 그 아이들을 곰곰이 살펴보고 조사해보니 공통적인 특징이 있었는데, 그 특징은 바로 독서였다고 했다.

비록 1, 2학년 때 두각을 나타내지 못하더라도 독서 습관이 잘 잡힌 아이는 5, 6학년이 되면 학업 성적이 상위권에 자리하고, 여러 면에서 두각을 보인다고 한다. 물론 1, 2학년 때부터 5, 6학년까지 꾸준히 능력을 보여주는 아이들도 대부분 독서 능력이 뒷받침되는 아이들이었다고 한다.

아이의 초등학교 2학년 담임 선생님을 만나러 갔을 때도 똑같은 이야기를 들었다. 여전히 수업 시간에 조금 산만한 우리 아이를 걱정하는 내게 선생님은 말씀하셨다.

"성재는 독서 습관이 잘 잡혀 있으니 고학년이 되면 능력을 잘 발휘할 거예요."

그러면서 예전에 한 아이의 저학년 담임을 맡았던 이야기를 해주셨다. 그 아이가 5학년이 되어 다시 만나게 됐을 때의 얘기였다.

성재같이 산만했던 아이였는데, 그 아이가 5학년이 되어 다시 만났을 때는 학급 회장을 맡고 있었다고 한다. 그리고 얼마 전에는 외국어 고등학교에 진학했다며 전화가 왔다고 했다. 그 아이가 그렇게 될 수 있었던 이유는 독서 습관 때문이라는 말씀도 하셨다. 그러니 저학년 때 산만하다고 너무 걱정하지 마시고 독서 습관을 꾸준히 잘 유지해달라며 당부하셨다.

초등학교에 담임 선생님과 면담을 하러 가면 아이의 잘못된 행동이나 수업 시간의 산만함 때문에 선생님께 민망한 이야기를 듣고 얼굴을 붉히며 나오는 경우가 많다. 나 역시 걱정을 한 아름 안고 선생님을 만났는데, 선생님께서 먼저 이렇게 말씀해주시니 매우 고마웠다. 그래도 산만한 우리 아이에게 기댈 수 있는 독서라는 힘이 있으니 다행이었다. 우리 아이가 가진 독서의 힘을 나는 믿고 있기 때문에 선생님의 말씀이 더더욱 힘이 되었다.

책을 읽는 사람은 10년 뒤가 다르다는 말이 있다. 하지만 이 독서력은 하루아침에 기를 수 있는 힘이 아니다. 우리 아이의 평생 경쟁력이 될 독서력을 기르는 것은 초등학교 때 이뤄져야 한다. 우뇌와 좌뇌의 균형을 위한 책 읽기를 통해 평생의 학습 기반을 잡는 것이 초등 책 읽기이다.

독서량과 학업 성적의 상관관계가 높다는 것은 누구나 다 아는 사실이다. 공부 잘하는 아이로 키우고 싶다면 어릴 때부터 책을 열심히 읽어야한다. 책은 물론 학력에만 도움을 주는 것이 아니라 올바른 인성과 가치관을 형성하는 일에도 도움을 준다는 사실을 잊어서는 안 될 것이다.

★ 아이를 위한 책

『돼지책』

엄마의 희생으로 가정이 유지되는 점을 풍자한 책이다. 가족이 모두 함께해야 행복한 집이 된다는 이야기를 나눌 수 있는 책이다.

★ 부모님을 위한 책

『우리아이, 책 날개를 달아주자』

책에 대한 고정 관념을 일깨우기에 좋은 책이다. 책에 대해 바로 알고 아이에게 맞는 책을 골라 읽히고 싶다면 이 책을 권한다.

03 독서 습관은 사교육을 이긴다

"오늘의 나를 있게 한 것은 우리 마을의 도서관이었다.
하버드 졸업장보다 소중한 것은 독서하는 습관이다."
— 빌 게이츠

경쟁 위의 아이들

아이가 태어나면서부터 부모는 아이를 경쟁 위에 올린다. 원하든 원하지 않든 옆집 아이와 비교당하고 또래 아이와 경쟁하게 된다. 내 아이와 비슷한 연령의 아이가 보이면 꼭 몇 개월이 되었는지 묻는다. 그리곤 그 아이의 발달 속도가 내 아이보다 느리다고 판단되면 안심한다. 하지만 말이라도 빠르게 하면 내 아이의 성장 속도가 더딘 것 같아 조바심이 난다. 그 조바심은 아이가 성인이 될 때까지도 이어진다.

우리 아이들은 모두 운동 신경이 좋았는지 10개월째가 되자 걷기 시작했다. 돌 잔칫날의 당사자인 아이가 떡을 들고 돌렸으니 말 다했다. 하지만 돌떡을 직접 돌리던 아이는 "엄마!"라는 말조차 하지 못했다. 엄마라는 말은 18개월이 되어서야 제대로 들을 수 있었다. 같은 해에 4개월 늦게 태어난 큰집 조카는 18개월째에 능수능란하게 문장으로 엄마와 대화를 했다. 조바심이 났다.

이 아이에게 나는 무엇을 해줘야 하나? 병원이라도 데리고 가야 하나? 하지만 그 걱정은 아이가 두 돌이 되고 방언 터지듯 말문이 터지면서 사라졌다. 그러나 바로 또 조바심 난 것이 있었으니 한글 공부다. TV 속의 영재라고 불리는 아이들은 세네 살이면 한글을 깨쳤다. 그것도 스스로. 이제 말문이 터진 우리 아이는 한글 공부도 늦는 것이 아닐까 걱정되기 시작했다. 그래도 두 돌은 너무 이른 것 같아서 세 돌까지 기다렸다가 한글 학습지를 시켰다. 수학 관련 학습지도 함께 했다.

큰아이 3살 때, 작은아이가 태어나면서 출산휴가를 받았다. 시간적인 여유를 아이의 교육에 불어넣었다. 학습지 선생님이 아이를 가르치고 가면 나는 아이와 숙제를 하고, 교구로 놀이를 가장한 학습을 시도했다. 3개월 뒤 복직을 하고 나서도 아이의 학습지는 계속되었다. 선생님은 아이가 무척 잘 따라온다고 말씀해주셨다. 아이가 조금 힘들어해서 잠깐

쉬려고 하면 더 잘하는 아이를 이야기하며 엄마의 경쟁심을 자극했다.

1년의 사교육보다 일상의 독서가 낫다

그렇게 1년을 보내고 우리 아이는 한글을 읽을 수 있었을까? 아니다. 아이는 몇몇 단어는 읽었지만 그것도 자기가 익숙한 낱말 카드 안에 적힌 단어만 읽을 수 있었다. 똑같은 글자인데 책 속에 다른 글자와 섞여 있으면 읽지 못했다. 또한 낱말 카드만 보면 도망 다니는 아이가 되었다.

나는 1년의 시간과 돈이 허투루 쓰였다는 것을 작은아이를 보면서 깨달았다. 작은아이는 24개월이 되어서야 "아빠."를 했다. 큰아이 때 한 번 겪은 일이라 조바심은 덜 했지만, 다른 또래보다 덩치가 큰 아이가 말을 못해서 약간 바보 취급을 받는 듯한 느낌은 떨치지 못했다. 하지만 이내 작은아이도 말문이 터졌다.

큰아이 때 겪은 한글 공부의 실패로 작은아이는 시도조차 안 했다. 다만 그 당시 큰아이에게 책을 읽어주는 것에 매진하고 있었던지라 작은아이는 자연스레 책과 함께 할 수 있었다. 엄마의 무지로 늦게 책을 접한 큰아이와는 달리 작은아이는 태어나면서부터 형이 읽던 책이 주변에 널려 있었다. 퇴근하고 돌아오면 씻기도 전에 책을 들고 읽어달라고 달려들기 일쑤였다.

책 읽기만 했을 뿐인데 아이는 글씨에 큰 관심을 보였다. 큰아이 보라고 붙여놓은 한글 자음 모음판 앞은 항상 작은아이의 차지였다. 그렇게 작은아이는 36개월에 한글을 읽었다. 물론 이전에 언급했듯 글을 읽는 것은 아니었다. 하지만 공을 들이고 시간도 들여서 학습지를 시킨 큰아이에 비하면 작은아이의 한글 습득 속도는 대단했다.

같은 어린이집을 다니는 다른 엄마들의 조바심을 부르기에 충분했다. 작은아이 친구 엄마들은 내게 묻고는 했다. 어떤 학습지를 했는지, 어떻게 한글을 가르쳤는지.

내가 해줄 수 있는 말은 딱 두 가지였다. "책을 많이 읽어줬다. 그리고 아이마다 관심과 능력의 차이가 있는 것 같다." 열심히 학습지를 시킨 큰아이는 활자에는 관심이 없는 아이였다. 하지만 둘째 아이는 활자에 관심이 많고 암기 능력이 조금 더 있는 아이인 것이다. 거기에 엄마의 극성스러운 책 읽어주기가 한몫 더한 것이다.

받아쓰기는 못해도 과학 퀴즈는 척척 맞추는 아이로!

글자 익히기에 관심이 없는 우리 큰아이는 초등학교에 들어가서 본 받아쓰기에서 50점을 넘기기 어려웠다. 아니, 50점이면 너무 잘했다고 100원을 손에 쥐어줄 정도였다. 다른 엄마들의 이야기를 들으니 모두가 아이의 받아쓰기 점수를 걱정했지만 그 걱정은 100점을 못 받아 온 것에 대한 걱정이었다. 내가 아이 점수를 이야기할 때면 위로의 말을 건넸다.

"아니, 그래도 성재는 책 많이 읽잖아. 그럼 걱정 없지. 우리 애는 책도 안 읽는데……"

작년 여름에 아이 친구들 몇 명과 과학 마술 체험전에 다녀왔다. 과학을 응용하여 마술을 보여주고 체험하는 곳이었다. 방과 후 수업으로 마술을 접했던 우리 아이는 아는 척을 하느라 신이 났다. 그러다 쇼를 방해하는 지경까지 갔고 한 차례 주의를 받기도 했다. 그렇게 여러 과학 마술 쇼가 되던 중 신맛을 내는 산성 물질에 대한 실험이 진행됐고 이어서 선생님이 아이들에게 질문을 했다.

"신맛의 반대 맛은 무엇일까요?"
"단맛이요."
"짠맛이요!"

몇 몇 아이들이 손을 들고 대답했다. 그때 우리 아이의 엉덩이가 또 들썩였다. 선생님은 다른 답이 나오지 않자 그때야 우리 아이의 대답을 들어주었다.

"쓴맛이요. 산성은 신맛이고 염기성은 쓴맛이에요."
"우와! 대단해요. 정답입니다. 선물 받아가세요."
초등학생을 대상으로 했던 체험전이라 제법 큰 아이들도 많았는데 겨우 초등학교 1학년인 우리 아이가 맞춘 것이다. 체험전을 나와서 같이 간 엄마들은 나에게 성재는 무엇을 했기에 저렇게 똑똑하냐며 알려달라고 했다. 나는 한껏 어깨가 으쓱해져서 아이가 과학을 매우 좋아해서 과학 관련 책을 많이 읽어주고 필요하면 실험도 했다고 했다.

사실이었다. 조금 더 보태자면 책을 읽다가 궁금한 것이 생기면 집에서 구할 수 있는 것을 사용해서 아이가 체험하게 해준 것밖에 없다. 기름과 물이 섞이지 않는다는 내용의 책을 읽으면 약국에서 받아온 약병에 식용유를 넣고 물감을 조금 섞은 물을 넣어주었다. 아이는 내가 준 파란색과 빨간색 물감을 섞은 물병을 가지고 일주일을 놀았다. 마구 흔들었다가 밤새 두면 다시 층이 생기고 또 섞어 놨다가 층이 생기는 것을 확인하기를 반복했다.

초등학생이 된 우리 아이는 지금은 스스로 재료를 구해서 실험할 줄도 안다. 책을 보다가 궁금한 것이 있으면 다른 책을 찾아서 답을 구할 수도 있다. 책을 통해 반복적으로 쌓아놓은 지식과 습관은 버려지지 않는다.

2학년이 된 아이는 여전히 받아쓰기에 애를 먹는다. 나 또한 아이가 받아쓰기 시험을 보기 전날에는 칼퇴근을 하고 아이의 받아쓰기 연습을 돕는다. 너무 자신감을 잃게 될까봐 염려하는 마음에 생긴 조바심이기는 하나, 받아쓰기 점수에는 그렇게 연연하지 않는다.

나는 조바심을 덜어낼 수 있는 믿는 구석이 있다. 그것은 바로 아이의 독서 습관이다. 스스로 찾고 학습하고 읽기를 반복하는 우리 아이의 독서 습관이 무한 경쟁 시대, 발전하는 미래를 살아가는 데 밑거름이 될 것이라고 자부한다.

조바심을 버리고 아이의 독서에 투자하자

경쟁을 부추기는 사회와 엄마의 조바심이 결국 사교육을 조장한다. 저학년 때는 예체능을 위주로 가르쳐야 한다고 한다. 고학년이 되면 시간이 없어서 미술이나 음악 학원에 다닐 수 없다고 한다. 공부도 체력이 필요하기 때문에 운동도 한 가지쯤은 시킨다. 그러면서도 기초 학습은 저학년에 잡아야 한다고 매주 학습지 선생님이 집을 오고 간다. 그래서 아이는 책을 읽을 시간이 없다.

초등학교 선생님과 면담할 때 선생님께 가장 많이 부탁드리는 말은 우리 아이가 책 좀 많이 읽게 해달라는 것이라고 한다. 학교에서는 교과 진도를 나가기에도 빠듯하다. 하지만 아침 자습 시간 10분을 이용한 책 읽기를 위해 책을 학교에 보내달라고 한다. 학교 도서관 이용도 권장한다. 하지만 학교를 마친 아이들은 학원과 과제 때문에 책 읽을 시간이 없다.

독서 습관을 들이려면 시간을 들여야 한다. 하지만 여전히 책은 시간이 있어야만 읽는 것으로 생각하기 때문에 독서 습관을 들이기는 어렵다. 독서 습관이 아이의 학습력에 있어 밑바탕이 된다는 것은 누구나 다 아는 사실이다. 그런데 그 습관을 들이는 데는 열을 내지 않는다.

학원을 보내는 시간과 돈을 들이듯이 독서에도 시간과 돈을 들이자. 일부러라도 시간을 내어 꾸준히 책을 읽을 수 있도록 도와주자. 책만 제대로 읽어도 공부에 필요한 요소들이 술술 따라온다. 또한 아이가 커가며 어려움에 닥쳤을 때 스스로 헤쳐 나올 수 있는 믿는 구석을 마련해두자. 그러면 부모 또한 평생을 아이에게 조바심내면서 살지 않아도 될 것이다.

04 읽는 즐거움을 아는 사람으로 성장한다

"당신의 인생을 가장 짧은 시간에 가장 위대하게 바꿔줄 방법이 무엇인가?
인류가 현재까지 발견한 방법 가운데서 찾는다면
당신은 결코 독서보다 더 좋은 방법을 찾을 수 없을 것이다."
– 워런 버핏

스스로 한다고 할 때 기다려줘라

"스스로 한다."라는 것은 어떤 의미일까?

남이 시키지 않았는데도 자기 결심에 따라서 하는 것이다. 즉 강요에 의해서가 아니라 자발적으로 하는 것을 의미한다.

아이들이 서너 살이면 뭐든지 자기가 한다고 고집을 부린다. 옷을 입거나 신발을 신을 때도, 칫솔질을 하거나 밥을 먹을 때도 혼자 하겠다고 한다. 어설프게 거꾸로 입고, 반대로 신발을 신고, 밥은 흘리며 먹어도 아동 교육자들은 스스로 한다고 할 때는 그냥 두라고 말한다. 그 과정을 거치면 정말 스스로 잘할 수 있는 시기가 온다고 한다. 하지만 두고 보는 부모의 마음은 편치 않다.

입으로 들어가는 것보다 흘리는 게 더 많고, 반대로 신은 신발이 불편해 보인다. 바쁘고 시간은 없는데 서툰 손길로 자신이 하겠다고 한다. 결국 아이를 끌어다가 옷을 입히고 신발을 신긴다. 하지만 그런 식이라면 5살만 되어도 혼자 하겠다고 하는 것들이 줄어든다. 밥 먹기부터 시작된다. 누군가 떠 먹여주기를 식탁 앞에 앉아서 기다린다. 옷을 입으라고 꺼내 주어도 엄마가 입혀주기만을 기다리며 딴짓을 한다. 그때부터 엄마의 속은 타들어간다.

사실 우리 큰아이가 그렇다. 정말 배고플 때가 아니면 아침에는 밥상 머리에 앉아 할머니가 떠먹여주시는 밥을 받아먹는다. 다른 건 다 혼자 해도 아침밥 먹기만큼은 스스로 하는 습관이 되어있지 않다. 물론 라면이라도 끓여주는 날에는 먼저 젓가락을 들고 달려든다.

아동 교육자들이 말하듯 아이가 스스로 하려고 할 때 조금 참고 기다려주는 것이 아이를 위해서도 나를 위해서도 좋은 일임을 아이가 다 크고 나서야 깨닫는다. 다행히 둘째를 키우면서는 둘을 돌보느라 손이 바쁘기도 하고 조급함도 사라져서인지, 기다리고는 한다. 아니, 그냥 지켜

보는 여유가 생긴다. 그래서인지 둘째들은 비교적 혼자 할 수 있는 것이 많다. 그리고 어떤 발달이든 큰아이보다 조금은 빠르다.

그런데 책 읽기에 있어서도 스스로 읽을 때에는 두고 보아야 하는가 아닌가에 대해서는 살짝 의문이 든다. 어느 정도 어휘량이 늘고 이해도가 증가했을 시기에는 스스로 하는 독서를 격려해야 한다. 하지만 그렇지 못한 수준의 아이를 혼자 읽게 내버려둬서는 안 된다. 옆에서 읽어주고 도와줘야 한다. 그 이유는 다른 것도 마찬가지지만 재미를 동반하는 활동이 되어야 한다. 그래야 커가면서도 지속적인 독서를 할 수 있다.

아이는 자기가 재밌다고 느끼거나 자기에게 필요한 일은 시키지 않아도 스스로 한다. 그런데 독서에서 오는 재미를 미처 느끼기도 전에 스스로 하라고 내버려두면 재미가 시들해진다. 그렇게 되면 스스로 읽는 즐거움을 느끼기도 전에 지루하고 재미없는 것으로 인식할 수 있다.

재미가 스스로 하게 만든다

어려서부터 부모와 함께 한 독서 활동은 그 어떤 활동보다도 재미있다. 엄마, 아빠가 읽어주는 이야기를 들으며 상상의 나래를 펴고 책 읽기를 놀이로 인식하게 된다. 놀이로 인식된 독서는 결국 아이 스스로 책을 읽게 만드는 힘이 된다.

게임에 푹 빠진 아이를 보라. 누가 시키지 않아도 스스로 게임을 즐긴다. 왜일까? 다른 무엇보다도 재미있기 때문일 거다. 우리 아이들은 다른 아이들과 마찬가지로 밖에서 친구들과 뛰어노는 것을 좋아한다. 블록 쌓기나 아빠와 총싸움 하는 것도 좋아한다. 하지만 특별한 놀이거리가 없을 때는 스스로 책을 찾아서 읽는다. 친구가 없어서, 놀 거리가 없어서 심심해하는 것이 아니라 그 시간에 책과 함께 놀 줄 안다. 혼자 책을 읽으며 키득키득 하고 있는 아이를 보면 무슨 이야기를 읽고 있는 것인지 궁금해져서 들여다보게 된다.

무료하고 지루한 시간을 책으로 달랠 수 있기에 어디를 가든 아이가 읽을 수 있는 책을 가방에 넣어 준다. 이번 어버이날에 시댁으로 내려가는 기차 안에서 큰아이는 한참 창밖을 내다보며 오랜만에 탄 기차의 정취를 느꼈다. 하지만 1시간 30분 동안의 여행은 아이에게는 긴 시간이었다. 내가 가방 안에 책이 들었다고 일러 주었더니 이내 책을 꺼내 읽기 시작했다. 쉽게 읽기 쉬운 내용의 가벼운 책이어서인지 금세 5권을 내리 읽었다.

혼자 읽기와 스스로 읽기는 다르다

우리 아이는 새로운 책에 대한 기대도 남다르다. 집에 책이 배달되어 오는 날이면 먼저 포장을 뜯어 어떤 책인지 확인한다. 그러다 보니 작은 아이는 상대적으로 새 책이 집에 오는 것을 싫어한다. 형이 자기와 놀아 주는 것을 잊은 채 새로운 책만 읽기 때문이다. 작은아이는 아직 혼자 읽

책의 내용에 대해서도 즐거움을 찾을 수 있도록
부모가 도와주는 것이 필요하다.

는 것에 익숙하지 않기 때문에 책만 붙들고 있는 형이 못마땅하다.

이런 작은아이도 엄마가 책을 읽어주는 시간은 무척 좋아한다. 책을 읽어주고 재미를 느낄 수 있도록 조금 더 도와준다면 작은아이도 곧 스스로 읽는 즐거움에 빠지리라 믿는다.

책을 읽고 이해할 수 있는 수준이 충분히 되었음에도 독서 습관이 들기 전이라 스스로 책 읽기를 시도하지 않는다면 다른 재미를 줄 수 있는 요인을 찾아보는 것이 좋다. 예를 들면 독서 리스트를 만들어 스티커를 붙이는 일로 성취감을 주는 것이다. 또는 작은 독서 카드를 만들어 읽은 책 제목을 적는 일도 좋다.

이미 스스로 읽기에 푹 빠진 우리 아이의 경우에는 이런 성취감을 주는 행위가 별 효과가 있지는 않았다. 하지만 승부욕이 있는 아이들의 경우 책을 읽고 스티커를 붙여가거나 그에 대한 보상이 따르면 스스로 읽기를 자처하게 된다. 즉, 책 읽기를 하나의 게임쯤으로 여기게 되는 것이다. 거기에 책의 내용에 대해서도 즐거움을 찾을 수 있도록 부모가 도와주는 것이 필요하다. 혼자 읽도록 내버려 두는 것이 아니라 부모가 같이 읽어주는 것이다.

스스로 읽는 즐거움을 안다는 건 결코 읽기 독립을 말하는 것이 아니다. 책을 읽을 수 있는 시간에 스스로 책을 찾게 만들고 어떤 형태로든 읽기를 시도하는 것을 말한다. 글을 읽지 못하는 아이라고 하더라도 책을 읽는 즐거움을 아는 아이는 책을 들고 엄마나 아빠에게 온다. 수도 없이 읽어달라고 조르기도 한다. 스스로 읽는 즐거움을 알게 된 아이는 어디서든 심심할 틈이 없다.

독서는 저절로 되지 않는다, 투자하라

요즘 세상은 독서를 시간이 있을 때 하는 것이 아니라 시간을 내어서라도 하는 것이라고 말한다. 세계적인 부자 워렌 버핏도 하루 일과를 시작하기 전에 책을 읽었고 일과를 마친 이후에도 책을 읽었다고 한다. 그는 그렇게 할 수 있었던 이유를 "성공하는 5가지 독서 습관"으로 말한다.

첫째. 독서를 통해서 무엇을 할 것인가를 결정하면 책을 읽을 필요성을 깨닫게 될 것이고 열정을 일깨울 수 있다!

둘째. 책은 중요한 학습도구다. 현재 수준보다 더 나은 나를 생각하고 성장할 수 있도록 책이라는 도구를 활용하여 능력을 향상시켜라.

셋째. 어떤 상황에 있든지, 어떤 환경에 있든지 노력 여하에 따라 미래가 달라진다. 자신이 가고자 하는 한계를 넓힘으로써 미래로 가는 원동력을 만들어 낼 수 있다.

넷째. 노력 없이 주어지는 것은 없다. 책 읽기를 통한 학습은 쉬운 것이 아니다. 때로는 지루하고 재미없다. 그러나 그 열매는 달콤하다.

다섯째. 목표를 높이 세울수록 달성되는 결과물이 달라진다. 자신의 한계를 규정하고 낮은 목표를 세우는 것보다는 고차원의 목표를 세움으로써 달성 가능한 결과물을 얻을 수 있다.

버핏은 자신의 발전과 성공 목표를 위해 끊임없이 독서를 해야 함을 이야기 하고 있다. 대부분의 성공한 사람들은 일정 시간을 고정적으로 책을 읽는 데 할애한다. 우리 아이가 꿈을 향해 나아가고, 성공의 길을 찾아가는 과정에 있어서도 책은 꼭 필요한 요소가 될 것이다. 필요한 요소를 스스로 찾고 갖추게 된다면 앞으로 걷게 되는 그 길은 행복한 길이 될 수 있다.

무엇보다 스스로 읽는 즐거움을 아는 아이는 부모와 함께 한 독서의 즐거움을 아는 아이라는 것을 잊지 말아야 할 것이다. 그 경험을 토대로 인생을 살아가다가 어려움을 맞더라도 스스로 책을 찾을 수 있게 된다. 그렇게 우리 아이는 책을 통해 삶의 방향을 정하고 꿈을 이루는 행복한 삶을 살 수 있다.

★ 아이를 위한 책

『엄마는 회사에서 내 생각해?』

워킹맘이 많은 이 시대에 엄마에게 일 때문에 소외되었다고 생각하는 아이에게 엄마도 회사에서 열심히 일하고, 아이가 유치원에서 엄마를 생각하는 만큼 엄마도 아이를 생각하고 있다는 사실을 알려주는 책. 엄마가 함께 읽어도 좋은 책이다.

★ 부모님을 위한 책

『엄마의 독서』

육아를 하면서 읽었던 독서 일기이다. 사실적인 내용과 공감 가는 부분이 많기에 소개하고 있는 책들을 읽고 싶게 만든다. 책 읽기가 절실하지만, 실천으로 옮기지 못한다면 이 책을 추천한다.

05 책보다 더 나은 스승은 없다

선한 영향력을 끼치는 책

책을 읽다 보면 가슴에 와 닿는 좋은 문구를 발견할 때가 있다. 그러면 이내 밑줄을 긋거나 수첩에 메모를 해둔다. 어떤 경우에는 그 글의 일부가 좌우명이 되기도 한다. 내가 책을 쓰기로 결심한 것도 임원화 작가의 『스물아홉, 직장 밖으로 행군하다』를 읽다가 발견한 한 구절 때문이다. "꿈에게 기회를 주어라."가 바로 그것이다.

그 한마디에 끌려 지금 나의 좌우명은 "꿈에게도 기회를 주자!"가 되었으며, 나를 소개하는 글의 앞 구절로 사용하고 있다. 그리고 어릴 적부터 꿈꿔왔던 작가의 꿈을 다시금 떠올리고 그 꿈에 기회를 주기로 결심했다. 지금 나는 그 꿈을 실현하기 위해 달려가고 있고, 그 과정이 너무나 행복하다. 이렇게 책을 읽다 보면 내 삶의 터닝 포인트를 만들어주는 울림이 올 때가 있다. 책은 평생 함께할 나의 동반자이자 스승이다.

책이 미치는 영향력은 아이에게는 더욱 크다. 나처럼 한 구절이 임팩트 있게 다가올 수도 있지만, 가랑비에 옷 다 젖듯이 매일 읽는 책은 아이에게 선한 영향력을 끼친다. 그 영향력이 쌓이고 쌓인 아이는 자라면서 스스로 책을 통해 깨달음을 얻게 된다.

아이의 마음을 위로해주는 책

큰아이가 2학년이 되고 반 회장 선거를 하는 날이었다. 회장 선거에 나가겠다고 미리 이야기 하진 않았지만, 아이는 회장 선거에 나갔었나보다. 회장 선거에 나간 아이는 딱 1표를 받았다고 한다. 그 1표로 의기소침해졌는지 부회장 후보가 되었지만, 부회장이 되어도 하지 않겠다고 하고 후보에서 기권을 했다고 한다. 아이가 실망한 모습을 보니 자신감이 떨어진 것 같아 시무룩한 마음을 위로해주고 싶었다.

"아직 아이들이 너의 진가를 잘 몰라서일 거야. 1학기를 친구들과 사이 좋게 잘 지내면 아이들은 네가 정말 좋은 친구라는 걸 알게 되겠지? 그러면 2학기에는 회장 선거에 다시 나가도 좋겠다.”

하지만 아이의 마음을 다독여주기에는 충분치 않았다.

그즈음 잠자리에서 아이에게 『어린이를 위한 청소부 밥』이라는 책을 며칠에 걸쳐 읽어주고 있었다. 이 책은 2006년의 베스트셀러 『청소부 밥』의 어린이판이다. 경쟁 사회 속에서 자존감을 잃어가는 아이에게 청소부 밥 할아버지가 들려주는 6가지 지혜에 관한 이야기를 다룬다. 그중 다섯 번째 지혜로 나오는 “현재는 미래를 위한 준비란다.”라는 편을 읽어줄 때였다.

책 속의 주인공 크리스는 친구들에게 실수를 하고도 용서를 구하지 못한다. 망설이다가 밥 할아버지의 지혜 덕분에 친구들에게 사과를 하게 된 크리스는 친구들과 함께 모형 비행기 만들기 대회에 나가게 된다. 친구들에게 마음을 열고 도움을 준 크리스를 친구들도 인정하게 된다.

아이는 “현재는 미래를 위한 준비란다.”를 마음에 새기듯 몇 번 읊더니 말했다.

“엄마, 애들이 나의 멋짐을 아직 모르는 것 같지?”

짧은 아이의 물음이었지만, 엄마인 나는 느꼈다. 아이는 며칠 전 있었던 회장 선거에서 아직 자신의 진가를 아이들에게 어필하지 못했다고 생각한 것 같았다.

"그래, 성재야. 크리스처럼 너도 미래를 위해 친구들을 도와주고 사이 좋게 지내면, 친구들이 너의 잘생긴 얼굴만큼이나 멋진 마음도 알게 되겠지?"

책이 아이에게 주는 깨달음은 내 몇 번의 짧은 위로의 말보다 더 컸다.

엄마와 아이의 마음을 읽어주는 책

가끔 아이의 버릇이나 잘못된 점을 지적하려고 잔소리를 하는 경우가 있다. 한 번이면 끝날 일을 여러 번 되풀이해서 말하게 되면 결국 아이는 '또 엄마가 잔소리한다.'로 받아들이고 문제의 본질은 잊게 된다. 이럴 때는 엄마와 아이가 함께 관련 내용을 다룬 책을 찾아서 읽어 보자. 지금 문제가 되는 부분을 해결해내는 과정을 담은 어린이를 위한 자기 계발서가 많다.

아이에게는 잔소리보다 1권의 책이 더 도움될 때가 있다. 그런데 아이에게 잔소리를 대신한다는 핑계로 책만 던져주면 아이는 금세 눈치를 채게 된다. '엄마는 나한테 또 엄마가 원하는 메시지를 주려고 하는구나.'

하려고 했던 것도 하라고 하면 하기 싫어지는 것이 사람의 마음이다. 눈치가 빠른 아이는 자기 앞에 던져진 책만으로도 그걸 느낀다. 아이와 함께 읽어보자. 엄마인 나도 그 책 안에서 아이의 마음을 읽을 수 있다. 책을 매개로 아이와 소통을 하면 엄마인 나의 마음도 한결 부드러워지고 아이도 잔소리가 아닌 엄마의 진심이라는 걸 알게 된다.

엄마를 반성하게 하는 책

나는 아이들과 책을 읽으며 깨달은 점이 많다. 아이의 책 속에서도 무언가 울컥하고 쏟아져 나오는 감정을 느낄 때가 있다. 그럴 때면 아이와 나는 같이 운다.

『엄마가 화났다』라는 책을 읽을 때도 그랬다. 주말 아침이었다. 월요일에 있을 일기 검사를 위해 일기를 지금 써야만 나가서 놀 수 있다고 엄포를 놓았다. 아이는 하기 싫음에도 억지로 책상 앞에 앉아 계속 딴청을 피웠다. 잠깐 볼일을 보고 돌아와 봐도 억지로 날짜 정도만 써놓고 딴짓만 한창이었다.

"엄마, 나 놀고 있다가 쓰면 안 돼요?"

"안 돼. 너 또 이따가는 더 놀고 싶을 거고, 엄마도 무슨 일이 생겨서 나갈지도 모르는데. 지금 써라."

신경을 곤두세우고 아이와 신경전을 벌였다. 아이는 결국 눈물을 흘렸고, 그 모습이 꼴 보기 싫었던 나는 "그럴 거면 나가. 엄마도 이제 너 일기 쓰라고 안 할 거야!"라며 화를 냈다. 아이는 나가지도 못하고 쓰지도 않고, 그렇게 오래 앉아서 울었다. 오후 3시까지 놀고 일기를 쓰기로 약속하고 나서야 아이는 책상 앞에서 해방될 수 있었다. 그날 아이는 오후

3시에 집에 돌아와서 약속대로 일기를 썼다.

그날 저녁 작은아이가 『엄마가 화났다』라는 책을 들고 왔다. 몇 번 읽었던 책인데 그날따라 오전에 큰아이에게 화를 낸 것이 마음에 걸려서 더 듬더듬 책을 읽었다. 아이에게 화를 내는 엄마의 말투를 흉내 낼 때면 아이들은 엄마랑 똑같다고 했다. 이야기의 중간을 넘어가면서 엄마가 낸 화로 인해 아이가 사라져버린다.

잃어버린 아이를 찾으러 가는 엄마의 모습에서 나도 모르게 눈물이 핑 돌았다. 옆을 보니 우리 아이도 눈물이 한 움큼 고여 있었다.

"성재야, 엄마가 아침에 화내서 미안했어. 성재가 엄마랑 약속하고 3시에 일기 쓰려고 했던 건데, 엄마가 그 마음도 모르고 엄마 마음대로만 하려고 했네."

말이 끝나자마자 아이 눈에선 큰 눈물방울이 주룩 흘렀다. 나도 그 책을 읽으며 얼마나 반성의 눈물을 속으로 흘렸는지 모른다.

독서는 아이의 평생 스승이 된다

데카르트는 "좋은 책을 읽는 것은 몇 세기의 훌륭한 사람들과 이야기를 나누는 것과 같다."고 했다. 아이가 커서 성인이 되더라도 부모가 항상 자식의 마음을 읽고 감싸주는 버팀목이 될 수는 없다. 아니, 부모인 나조차도 아이의 마음을 감싸줄 수 없을 때가 많다. 그럴 때 아이에게 좋은 길로 안내할 수 있는 스승을 가까이에 두게 하자. 그 스승으로는 책만한 것이 없다.

마흔을 바라보는 충분한 성인인 나도 책을 읽으며 좋은 스승을 만날 때가 많다. 답답하고 일이 잘 풀리지 않을 때 책을 읽다보면 어떤 끌림인지 모르게 깨달음을 얻게 되는 경우가 종종 있다. 우리 아이에게도 평생 스승이 될 수 있는 책을 가까이 둘 수 있게 하자. 적당히 아이의 나쁜 점을 바로 잡으려 책을 권하는 것이 아니라 함께 읽으며 참된 스승을 발견할 수 있는 힘을 길러 주는 것. 그것이 좋은 과외 선생님을 아이의 옆에 붙여주는 것보다 현명한 부모의 의무가 아닐까 생각한다.

★ 아이를 위한 책

『엄마가 화났다』

아이에게 화를 낸 날, 아이와 함께 읽으며 엄마의 마음도 아이에게 전달하고 아이의 마음도 같이 느낄 수 있고 반성하게 하는 책이다. 엄마가 함께 읽어야 좋은 책이다.

★ 부모님을 위한 책

『하루 15분, 책 읽어주기의 힘』

"책 읽어주는 부모의 아이가 나중에 커서 역시 책 읽는 아이를 만든다."가 이 책의 전제이다. 책을 어떻게 읽어줄 것인지부터 책 읽기 독립에 이르기까지 차근차근 설명되어 있다.

06 책 읽는 아이가 세상을 바꾼다

"오랫동안 꿈을 그리는 사람은 마침내 그 꿈을 닮아간다."
– 프리드리히 니체

지식과 지혜를 겸비한 사람이 된다

탈무드의 "눈에 보이지 않는 보물."이라는 글의 내용을 읽어본 적이 있는가?

얼마 전 시댁에 갔다가 큰아이와 동갑인 9살 조카와 함께 읽었던 책의 내용이 기억난다.

한 랍비가 여러 부자들과 함께 배를 타고 외국 여행을 하고 있었다. 부자들은 배 안에서 자신들이 가지고 있는 보석을 자랑한다. 그 부자들은 랍비에게도 자랑할 만한 것이 있는지 물어본다. 랍비는 "내게도 훌륭한 보석이 있지요. 하지만 그것은 눈에 보이지 않는답니다."라고 말한다. 그 말을 들은 부자들은 랍비를 비웃었다. 그런데 얼마 후, 그들이 타고 가던 배가 해적의 습격을 받는다. 모든 것을 빼앗긴 사람들은 더 이상 그 배를 탈 수 없게 된다.

빈털터리가 된 사람들은 가까운 항구에 내리고 각자 살길을 찾아 흩어지게 된다. 랍비는 항구 도시의 학자들을 찾아간다. 학자들은 그 도시의 학교에서 학생들을 가르치는 선생님이 되어 달라고 랍비에게 부탁한다. 그러던 어느 날, 랍비가 길에서 구걸하는 사람들을 만나는데, 놀랍게도 랍비와 같은 배에 탔던 부자들이었다. 그제야 그 사람들은 랍비가 선생님이 된 것을 알고, 부러워하면서 말한다.

"당신이 그때 눈에 보이지 않는 보석을 가지고 있다고 한 뜻을 이제야 알겠습니다."

이 이야기를 하기 전, 두 아이에게 눈에 보이지 않는 보물이 무엇인지 물었다. 아이들은 착한 마음, 지혜라고 말했다. 책을 다 읽고 난 아이들에게 다시 물었다. 아이들은 이야기를 충분히 이해하고 있었다. 다이아

몬드 같은 보물은 해적에게 빼앗길 수 있지만, 지식은 아무리 해적이라도 빼앗아 갈 수 없는 보석이라는 것을…….

탈무드에서 전한 이 이야기처럼 지식은 누구에게도 빼앗길 수 없는 나만의 것이다. 빼앗기기는커녕 나누면 나눌수록 늘어나는 것이 지식이다. 여기서 말하는 지식은 공부만 해서 터득한 지식뿐 아니라 세상을 살면서 터득한 지혜도 포함한다. 아이가 책을 읽는다는 것은 이 지식과 지혜를 겸비할 수 있는 사람이 된다는 뜻이다. 더불어 큰 꿈을 꾸고 목표를 정하고 이루어 갈 수 있는 힘도 된다.

지식과 지혜를 가진 사람이 성공한다

요즘 세상은 스마트폰으로 못하는 것이 없고, 전기를 쓰는 일은 아주 당연한 일이 되었다. 양자 역학을 이용한 우주의 신비를 밝히는 일은 아주 신비롭지만 다가올 미래의 삶에 한걸음 다가가 있는 느낌을 받는다. 앞에서 말한 우리의 생활 속에 자리 잡은 업적을 만든 사람들은 모두 독서광이었다. 애플사를 창업한 스티븐 잡스, 전기를 발견한 에디슨, 우주의 신비를 파헤친 스티븐 호킹과 같은 사람들이다.

독서광이었던 이들로 인해 우리가 살고 있는 세상에는 과거라면 상상도 할 수 없었던 일들이 펼쳐지고 있다. 우리 아이가 미래의 세상을 바꾸는 주역이 되지 못하리라는 법이 없다. 아직은 서툴고 모든 게 엉성한 아이들이지만 그들을 잘 가꾸어주면 분명 우리가 사는 미래의 세상을 바꾸는 사람이 될 것이다.

앞서 말한 세 인물은 어릴 적부터 무척이나 엉뚱하고 공부에 집중하지 못하는 문제아들이었다. 스티브 잡스는 머리는 좋지만 산만하고, 까다로운 기질로 학교생활에는 적합하지 않은 인물이었다. 하지만 양부모의 적극적인 뒷받침으로 차고에서 여러 부품을 가지고 부수고 조립하는 일을 계속했다. 이웃의 엔지니어에게 잡스를 데리고 가서 전자 공학의 기초를 배울 수 있게 한 것도 부모였다. 이 바탕에는 독서가 빠지지 않았다.

에디슨 일화는 누구나 잘 알고 있다. 달걀을 품어 병아리를 부화시키려고 하거나, 친구에게 이상한 약을 먹여 하늘을 날게 하려는 시도를 했다는 이야기. 이런 에디슨은 도서관을 통째로 읽을 만큼 독서광이었다.

스티븐 호킹도 마찬가지다. 틈만 나면 별이 빛나는 하늘을 바라보고, 비행기 모형을 만드느라 호킹의 방은 항상 어지럽혀져 있었다. 하지만 모든 호기심과 궁금증은 풀어야 직성이 풀렸고, 그러기 위해서 수많은 책을 읽었다. '이상한 책벌레'라는 별명이 붙을 만큼 말이다.

그들의 호기심과 이상한 행동이 미래의 삶을 변화시킬 수 있도록 끌어준 것은 바로 책과 함께 하는 일상이었다. 이들 뿐만 아니라 세상에 지대한 영향을 끼친 인물 중에 책과 떨어져 지냈다고 하는 이는 드물다. 물론 세상의 견문을 책이 아닌 직접 느끼고 보고 체험할 수 있었다면 그만큼 더 좋은 것이 있을까 싶다. 하지만 우린 그럴 만한 금전적 여유도 시간도 없기에 책에 조금 더 의존한다.

책은 아이 자신을 바꾸고 세상을 바꾼다

"엄마, 결혼 2번 했어?"

뜬금없는 아들의 질문이다. 지은 죄도 없이 갑자기 얼굴이 달아오른 나는 왜 그런 질문을 하는 것인지 물었다. 이유는 결혼을 2번 했으니깐 자기도 낳고, 동생도 낳은 것 아니냐는 것이다. '결혼=아기'라는 공식을 머릿속에 가지고 있던 큰아이의 7살 적 질문이다.

어떤 이야기를 하던 "왜?"로 시작해서 "왜?"로 끝난다. 영화 〈빅 히어로〉에 나오는 로켓 신발을 갖는 것이 소원이고, 꿈은 척척박사님이다. 질문이 많고 궁금한 건 꼭 눈으로 확인해야 직성이 풀리는 손자 덕에 친정 엄마는 매일 난감함의 연속이다. 손자 탓에 힘들어하시지만 애써 이런 말을 하시며 위로하신다. 나중에 아이가 훌륭한 사람이 된 후에 그를 키워준 할머니로서 인터뷰를 하게 되면 이렇게 말씀하실 거란다.

"우리 손자가 어려서부터 남달랐어요. 이렇게 되려고 그랬나 봅니다."

호기심 천국인 손자를 무시하지 않고 항상 같이 탐구해준 할머니가 있었기에 이렇게 훌륭한 사람이 되었다고 인터뷰할 기회가 있을 거라면서, 방송이라도 한 번 타지 않겠냐고 기대하신다.

우리 부부가 이 아이와 함께 기대고 있는 것이 바로 책이다. 아직은 산만하고 자기 의견이 고집스럽게 강하고 감수성이 예민한 아이지만 책을 읽을 때만큼은 어느 학자 못지않은 집중력을 발휘한다. 밖에 나가 노는 것도 좋아하지만 틈만 나면 자연스럽게 책을 펼쳐 든다. 스티브 잡스나 에디슨과 같이 우리 아이도 세상을 바꿀 수 있는 사람이 될 수 있다는 희망을 갖는다. 그 이유는 그들처럼 우리 아이도 호기심 천국에 엉뚱하고 발랄하며, 항상 손에서 책을 떼지 않았던 책벌레라는 사실 때문이다.

독서는 우리의 미래이다. 독서는 국가 경쟁력이 된다. 책을 통해 세상을 보고 자신의 머리로 깨달을 수 있는 삶을 살 수 있도록 하는 책 읽기에는 힘이 있다. 성적을 위해서, 남에게 보여주기 위해서 하는 공부가 아니다. 1권이라도 자신에게 맞는 좋은 책을 발견한다면 인생을 변화시킬 수 있다. 자신의 인생을 바꿀 수 있는 아이라면 세상을 바꿀 수도 있다.

1권의 책이 주는 힘은 위대하다. 그런 책을 찾을 수 있도록 우리 아이에게도 기회를 주자. 세상을 바꾸기 전에 우리 아이가 스스로 자신의 삶을 개척하고, 또 살아갈 수 있는 힘으로 삼을 수 있게 책과의 거리를 좁히자.

책을 읽는 아이가 눈에 보이지 않는 보물을 가질 수 있다. 그 보물은 자신을 변화시키고 세상을 바꾼다. 어느 누구에게도 빼앗기지 않는 보물을 가지고 세상에 보탬이 되는 사람으로 자란 아이가 많을수록 우리 미래는 밝을 것이다. 몇십 년 전에는 눈에 보이지 않았던 스마트폰이 일상이 된 것처럼 우리 아이가 변화시킬 몇십 년 후의 세상이 기대된다.

★ 아이를 위한 책

『무지개 물고기』

예쁜 비늘을 가진 물고기가 왕따를 당하다가 자신의 비늘을 친구들에게 하나씩 나눠주면서 진정한 행복을 찾는 이야기다. 자기 것에 대한 소유욕이 강한 아이와 함께 읽어보고 이야기를 나누면 좋은 책이다.

★ 부모님을 위한 책

『평범한 아이를 공부의 신으로 만든 비법』

사교육 없이 아이를 키워낸 아빠가 전달하는 비법이 들어있다. 공부에 대한 이야기뿐만 아니라 독서의 중요성도 같이 다루고 있기 때문에 읽어보면 좋다.

07 책 속에 아이의 미래가 있다

책은 미래로 가는 열린 문이다

"책을 통해 나는 인생에 가능성이 있다는 것과, 세상에 나처럼 사는 사람이 또 있다는 걸 알았다. 독서는 내게 희망을 줬다. 책은 내게 열려진 문과 같았다."

25년간 140여 개국에 자신의 이름을 건 토크쇼가 방송될 만큼 유명해진 오프라 윈프리가 한 말이다. 미혼모에게서 태어나 9살에 성폭행을 당하고, 14살에는 미혼모가 되었다. 20대엔 마약에 손을 대기까지 했다. 힘들고 얼룩진 어린 시절을 보냈다. 그녀를 불행의 구렁텅이에서 꺼내고 삶에 희망을 준 것이 바로 '독서'였다고 한다. 그녀는 다른 사람의 삶에도 희망을 주고 싶다는 마음에 "오프라 윈프리 북클럽"을 운영할 만큼 열혈한 독서 운동가가 되었다.

오프라 윈프리의 말처럼 책은 미래로 가는 열려진 문과 같다. 희망을 주고 길을 안내해준다. 책은 꿈도 주고 목표도 준다. 책은 누구에게나 영원히 함께 가야 할 동반자가 되어야 한다. 우리 아이에게도 마찬가지다. 책 속에는 아이의 미래가 있기 때문이다.

"당신은 암에 걸렸습니다. 3개월 안에 죽게 됩니다."

병원에서 검사를 받고 의사에게 들은 말이 위와 같다면 어떨까? 의사는 환자의 기분 따위는 배제한 채 사실만을 전달한다. 아주 멀지 않은 미래에 언제든 일어날 수 있는 일이다. 점점 사람이 아닌 컴퓨터가 인간의 병을 진단하고 판단한다. 인간이 아닌 로봇 의사가 환자를 앉혀 놓고 감정을 배재한 사실만을 말한다면, 3개월을 살 수 있던 사람이 한 달밖에 살 수 없을지도 모른다.

우리 아이가 살아갈 미래에는 정확한 사실을 전달하는 것보다 더 중요한 능력이 생긴다. 바로 감정을 어루만지는 능력이다. 설령 컴퓨터가 환자는 원하지 않을 진단을 내렸더라도 사람이라면 환자가 느낄 감정을 고려해서 말해줄 수 있다. 미래의 의사는 지금처럼 정확한 진단을 내리려고 애쓰고, 고도의 기술과 집중력을 필요로 하는 정밀한 수술을 하지 않아도 될 것이다. 의사가 가져야 할 더 중요한 능력은 사람의 감정을 매만지고, 같은 사실도 환자의 마음을 이해하며 이야기하는 것이 될 거다.

앞으로 의사가 되기 위해서는 지금처럼 피와 땀을 흘려가며 하는 공부는 소용이 없어질 수도 있다. 공부 잘하는 사람을 대신하여 인성을 바로 세우고 감정을 다룰 줄 아는 사람이 의사가 되어야 한다. 그러기 위해서는 책의 힘을 빌려야 한다. 책을 통해 세상의 이야기를 듣고 여러 사람의 모습을 바라봐야 한다. 실제로 넓은 세상으로 나가거나 다양한 처지의 사람을 만날 수 없다면 책으로 대신하면 된다.

아이 미래에 나침반이 되는 책

독서야말로 우리 아이가 자라는 세상에 최고의 경쟁력이 된다. 따라서 아이를 키우는 우리 부모부터 인식을 바꿔야 한다. 공부를 잘하기 위해 하는 독서가 아니라, 인생의 강력한 무기와 버팀목이 될 수 있는 독서가 되도록 해야 한다.

10년 전에는 생각지도 못했던 인공 지능과 빅 데이터, 가상 현실, 블록체인과 같은 제4차 산업혁명이 이끄는 새로운 세상이 되었다. 세상은 빠르게 변하고 지금은 인공 지능이나 빅 데이터 등에 발 빠르게 움직이고 대응하는 사람만이 살아남는다. 이런 빠른 세상에서 예전과 같이 의사나 변호사, 교사 등 하나의 직업만을 바라보고 아이를 키울 수 없다. 아이들 또한 매일 새로운 직업이 생겨나는 세상에서 일률적인 직업만을 꿈꾸는 것은 의미 없다.

끊임없이 꿈을 찾고 꿈을 키워가는 일을 계속해야 한다. 현재 자신의 일을 하고 있는 어른들조차도 새로운 세상에 적응하기 위해 자기 계발을 게을리하지 않는다. 그러기에 독서 또한 게을리할 수 없다. 이 때문에 수많은 독서법을 다룬 책들이 매일 끊임없이 출간된다.

책은 우리 아이가 어떻게 살아가야 하는지에 대해 등대가 되어 준다. 문제에 직면했을 때 어떻게 해결해야 하는지에 대한 나침반이 되어 준다. 아무리 망망대해에서 길을 잃고 헤매더라도 등대와 나침반이 있다면 삶의 방향을 잃지 않을 수 있다.

나는 책 읽기와 글쓰기를 좋아하는 엄마다. 문과를 나왔을 것 같지만, 의외로 나는 공대 여자이다. 그것도 남자들도 힘들어 하는 토목공학과를 졸업하고 구조 석사를 했다. 어렸을 적부터 책을 좋아하고 글짓기 대회를 휩쓸었기 때문에 당연히 어른들은 국문학과를 나와서 작가가 될 거라고 생각하셨다. 물론 나도 중학교를 졸업할 때까지는 시나리오 작가가 되는 것이 꿈이었다.

평준화 지역이 아니었던 탓에 고등학교 진학을 두고 갈등을 했다. 공부도 잘하고 싶고 여가 시간을 두고 꾸준히 책도 읽고 싶었다. 선생님은 공부와 책을 사이에 두고 있는 나에게 2마리 토끼를 다 잡으려고 하는 것은 욕심이라고 말씀하셨다. 더 좋은 고등학교에 진학해서 열심히 공부하고 좋은 대학에 가는 것이 좋겠다고 하셨다. 하지만 나는 잘 이해되지 않았다. 왜 책을 읽는 것과 공부가 별개가 되어야 하는 것인지…….

당시에 나는 의지를 굽히지 않고 공부의 억압에서 벗어나 한 단계 낮은 학교에 진학했다. 처음 학교에 입학해서 본 예비 시험에서 받은 수학 점수는 40점이었다. 고등학교 진학을 앞두고 어떤 선행 학습도 하지 않고 책만 읽었다. 당연히 고등학교 때 배울 내용으로 수학 시험을 보았기 때문에 점수가 잘 나올 리 없었다. 예비 시험에서 받은 점수는 좋지 못했지만, 나는 수학에 소질이 없는 게 아니었다. 2학년에 올라가면서는 당연히 이과를 선택했고 수능 시험은 80점 만점에 78점을 맞았다.

이렇게 이과적 소질이 탁월했던 나는 공대에 입학했고 토목과를 졸업했다. 하지만 책 읽는 것 또한 게을리하지 않았다. 물론 취업에 대한 막연한 불안함 때문에 전공 서적을 더 붙들고 지내긴 했지만 베스트셀러로 서점 매대 위에 올라온 책들은 꼭 사서 보았다. 그러면서 미래의 내 모습을 조금씩 그려갔다.

2004년에 졸업을 하며 IT 세상에 발을 들여놓는 나를 꿈꿨다. 토목과를 졸업한 내가 IT를 생각한다는 것은 아이러니였다. 하지만 내가 읽고 있는 책들에는 이미 컴퓨터가 사람의 일을 대신하고 있음을 보여주고 있었고 나는 거기에 대응해야 한다고 생각했다.

지금 나는 IT 회사에 다니고 있다. 건축, 토목 공학용 시뮬레이션 프로그램 만드는 일을 하고 있다. 물론 직접 개발을 하는 것은 아니다. 하지만 꾸준히 IT쪽의 동향을 살피며 이 계열의 흐름을 파악했다. 개발은 할 수 없지만 토목 구조 프로그램 기획과 테스트를 맡았다. 그러면서 새로운 기술이나 테스트 기법들이 나오지 않는지 꾸준히 서점을 살피고 관련 책을 사서 읽었다. 이런 노력으로 소프트웨어 테스팅 국제 자격증도 가지고 있다.

그런 내가 지금은 책을 쓰고 작가의 꿈을 꾸고 있다. 임원화 작가의『스물아홉, 직장 밖으로 행군하다』와 김태광 작가의『성공해서 책을 쓰는 것이 아니라 책을 써야 성공한다』라는 책을 읽고 책을 써야겠다는 강한 생각이 들었다. 작가가 되는 것은 나의 어릴 적 작은 꿈이었다. 나는 이제 마흔을 바라보는 나이에 그 꿈을 떠올리며 책을 쓴다. 곧 다가올 미래에는 책을 읽는 독자가 아닌 책을 쓴 작가가 영향력을 미칠 수 있는 사람이 된다고 믿기 때문이다.

내 삶의 방향을 찾고 내가 하고 싶은 일을 하면서 세상에 선한 영향력을 미칠 수 있는 사람이 되려고 노력하는 길에는 항상 책이 함께했다. 우리 아이들 또한 책을 가까이하면서 키운 생각의 힘으로 새로운 지식을 긍정적으로 받아들이고 다양한 정보를 융통성 있게 처리해야 한다. 이것이 미래 사회를 살아갈 우리 아이들에게 주어진 미션이다. 또한 우리 부모의 미션이기도 하다.

미래는 지식 자산보다 지식 융합의 시대이다. 지식만으로는 미래의 삶을 탄탄하게 만들 수 없다. 지식을 여러 가지 가치와 어떻게 융합할 것인가가 중요하다. 미래를 살아갈 우리 아이들에게는 여러 가지 가치와 융합을 알려줘야 한다. 그 길이 바로 독서이다. 책에서 아이의 미래를 찾고 가치를 발전시켜 나가야 한다.

가치는 지혜일 수도, 창의력일 수도, 인성일 수도 있다. 독서는 미래의 가치를 먼저 내다보고 앞서가게 할 것이다. 책 속에 아이의 미래가 있음을 인지하고, 내 미래의 아이가 꾸준히 책을 읽고 자신의 꿈과 방향을 잃지 않을 수 있는 힘을 길러 주는 것이 중요하다.

독서는 흔들리는
삶의 중심을 잡아준다

아이를 키우는 법을 배웠다고 하기보다는 그저 몇 권이나 읽었는지로 보이는 내 노력에 대한 책의 결실은 아직 모르겠다. 하지만 그 책들을 읽으며 나에게 자극을 주고 생활 속에 스며든 몇 가지 철학은 내가 아이를 키우는 데 중심을 잡아주었다. 여기저기 떠도는 온갖 정보에 흔들리지 않게 해주었다.

지금의 우리 아이는 다른 아이들보다 모범적이고 바른 아이는 아니다. 그럼에도 조급하게 사교육에 발을 들이거나 휘청거리지 않는다. 한두 권의 책으로는 인터넷에 난무하는 "카더라" 통신처럼 나의 방향을 이리저리 흔들어 놓을 수 있다. 무언가 진정한 방향을 찾고 싶다면 관련된 책을 최소 5권 이상은 읽기를 권한다.

여전히 나는 직장을 다니고 아이와 함께하는 시간이 부족하다. 그 시간에 대한 보상으로 책을 읽는다. 책을 읽으며 자리 잡은 나의 소신은 아이 또한 헛갈리지 않게 해준다. 엄마가 흔들리면 아이는 금방 휘청인다. 40일 된 아이가 나에게만 의지하고 있었던 때처럼 초등학생이 된 우리 아이는 생존이 아닌 정서적으로 나를 의지한다.

그러니 나는 더 이상 휘청거릴 수 없다. 아이를 위해, 나를 위해 독서하는 엄마를 유지하는 것이 유일한 나의 육아법이다.

우리 아이의 미래, 독서에서 시작된다

걱정스런 아이의 미래, 부모로서 뭘 준비해줄 수 있을까?

1990년 초, 내가 초등학교 다닐 적에 미래 세상을 상상해본 적이 있다. 20년 후면 하늘에 자동차가 날아다니고, 로봇이 우리를 대신해 음식과 청소를 해주는 세상이 올 줄 알았다. 30년이 조금 안되게 지난 지금, 모든 것이 가능해졌다. 하지만 나의 일손을 덜어주는 로봇을 거느리거나 날아다니는 자동차를 탈 수는 없다. 상상이 현실이 되었지만 실용화되지는 못했다.

반면에 내가 상상하지 못했던 일들은 현실이 되고 우리 가까이에 와 있다. 인공 지능 바둑 프로그램인 알파고가 머신 러닝을 통해 스스로 학습하고, 사람과 대결까지 했다. 실물이 없는 온라인 가상 화폐가 거래되고 있다. 과학이 발전하고 삶이 윤택해지는 것과는 달리 불임을 겪는 부부가 늘어나고, 사람들은 각종 성인병에 시달린다. IT기기가 널리 보급됨에 따라 디지털 치매 증후군, 번 아웃 증후군이라는 정신을 지배하는 병도 생겨났다.

우리 아이가 살아갈 미래에는 또 어떤 세상이 펼쳐질지 궁금하고 기대가 된다. 반대로 우려가 되기도 한다. 지금의 직업의 대다수가 사라지고, 또 새로운 직업이 생겨난다고 한다. 한치 앞도 바로 볼 수 없는 급속도로 변하는 세상을 살아가는 우리 아이들은 어떻게 미래를 준비해야 할까?

미래에 우리 아이들은 지금보다 다양한 환경에 노출될 것이다. 그리고 지금보다 더 급변하는 하루하루를 맞이하게 될 것이다. 그 급변하는 세상에 발맞춰 가기 위해서는 빠른 정보력이나 적응력을 갖춰야 할 것이다. 하지만 그보다 더 중요한 것은 급변하는 세상을 따라가는 데 급급한 것이 아닌 세상을 이끌 수 있는 사람으로 성장하는 것이다.

아이의 미래를 이끌어줄 원동력은 바로 독서다!

나는 그 해답을 독서에서 찾고자 한다. 미래를 이끄는 원동력은 바로 독서에서 시작된다. 책을 읽음으로써 지식을 쌓고 정보를 얻을 수 있다.

이렇게 얻게 된 간접 경험치와 직접 경험치를 더해 세상을 바르게 보고 현명하게 문제에 대처할 수 있는 지혜가 커지게 된다. 책 속에서 얻은 무한한 보물을 내 것으로 만들어 삶에 접목시킬 수 있는 아이라면 분명 미래를 이끄는 주역이 될 것이다.

미래를 따라갈 것인가, 끌어갈 것인가는 아이의 몫이다. 하지만 그 이끎에 시동을 걸어줄 수 있는 사람은 우리 아이의 부모이다. 이제는 주입식 교육을 하고, 독서만 강요해야 하는 시대는 지났다. 이미 사회는 창의융합형 인재를 원하고 그렇게 키우고자 노력한다. 하지만 우리가 원하는 만큼 원활한 속도로 아이들을 창의융합형 인재로 기르지 않고 있는 것 또한 현실이다.

창의융합형 인재는 인문, 사회, 과학 기술에 대한 기초 소양을 길러 인문학적 상상력과 과학기술 창조력을 갖춘 사람을 뜻한다. 기초 소양을 기르고 상상력과 창조력을 갖추기 위해서는 과거나 지금이나 독서만 한 것이 없다.

지금 읽는 책이 아이의 미래를 바꾼다

책을 읽으면 현명하고 논리적인 아이가 될 수 있다. 세상을 보는 시야가 넓어진다. 자신의 의견을 가지고 글이나 말로 표현할 수 있다. 책을 통해 생각하지 못했던 아이디어가 솟아날 수도 있다. 또한 앞서 시대를 살아간 선인들의 경험을 통해 교훈과 철학을 배울 수 있다. 이 모든 것을 그 무엇보다 효율적이고 효과적으로 얻을 수 있는 것이 바로 독서이다.

　우리 아이가 그리고 있는 미래는 미흡할 수도 있고, 구체적이지 않을 수도 있다. 하지만 무한한 잠재력을 가진 아이가 바로 우리 아이라는 것만은 믿어 의심치 않는다. 그 무한한 잠재력을 꺼내서 밀어주고 끌어줄 수 있는 것은 부모이다. 부모는 아이와 책 사이에서 가교 역할을 해주어야 한다. 그것이 우리 부모가 할 수 있는 가장 쉬우면서도 실패하지 않을 수 있는 최선의 방법이라고 할 수 있다.

　미래를 이끌어갈 내 아이를 상상하면 흐뭇하지 않은가? 이 미래의 원동력을 키워내는 일에 독서가 한 몫을 하고 그 독서가 아이의 평생을 책임질 수 있다고 생각한다. 아이디어가 필요할 때, 고민이 있을 때, 사람 사이에서 마찰이 생겼을 때 등 크고 작은 일들이 우리 아이를 가로 막을 수 있다. 그때마다 내가 나서서 아이를 돌봐줄 수 없는 노릇이다. 독서는 우리의 미래를 끌고갈 우리 아이에게 평생의 스승, 친구, 양육자가 되어 줄 수 있다.

　지금 바로 아이와 함께 가장 가까이에서 잡히는 책을 들고 읽어보자. 그 책이 우리 아이의 밝은 미래를 책임질 시작이 될 것이다.